-Photonen-

Über die Wechselwirkung photonischer Energie im biologischen Organismus

High dose und Low dose-Verfahren in ophthalmologisch therapeutischer Anwendung

AF513968

IAAD

Internationaler Akademischer
Austausch Dienst
Abteistraße 49
D - 20149 Hamburg

Universidad Empresarial de Costa Rica, Apartado 12640-1000, San Jose, CR, Fc de C. Aplicadas fisicamente
The Open University College London, PO Box 19, Milton Keynes MK7 6BJ, GB, UCL Biophysiks

-Photonen-
Über die Wechselwirkung photonischer Energie im biologischen Organismus High dose und Low dose-Verfahren in ophthalmologisch therapeutischer Anwendung

Promotion zur Erlangung des Akademischen Grades

„*Doctor of Philosophy*" (Ph.D.)

vorgelegt von

Holger Leschik

Halberstadt im November 2013

Bibliografische Information der Deutschen Nationalbibliothek
Die Deutsche Nationalbibliothek verzeichnet diese Publikation in der Deutschen Nationalbibliografie; detaillierte bibliografische Daten sind im Internet über http://dnb.d-nb.de abrufbar.
1. Aufl. - Göttingen : Cuvillier, 2014

© CUVILLIER VERLAG, Göttingen 2014
Nonnenstieg 8, 37075 Göttingen
Telefon: 0551-54724-0
Telefax: 0551-54724-21
www.cuvillier.de

Alle Rechte vorbehalten. Ohne ausdrückliche Genehmigung des Verlages ist es nicht gestattet, das Buch oder Teile daraus auf fotomechanischem Weg (Fotokopie, Mikrokopie) zu vervielfältigen.
1. Auflage, 2014
Gedruckt auf umweltfreundlichem, säurefreiem Papier aus nachhaltiger Forstwirtschaft.

ISBN 978-3-95404-749-9
eISBN 978-3-7369-4749-8

i. Einleitung

Das unerschöpfliche Thema Licht und seine Wechselwirkungen beschäftigt den Autor schon einige Jahre; auch inspiriert durch die Mitarbeit in einer ophthalmologischen Praxis.

Die vielfältigen Möglichkeiten der Therapien und Anwendungen die bislang mit Licht beschrieben wurden ermöglichen viele Spekulationen und geben Anlass zu Mutmaßungen durch die dieses hochinteressante Thema schnell in Bereiche der Metaphysik oder Esoterik geschoben wird.

Aber gerade in medizinischer Anwendung – ob schulmedizinische Indikation oder Naturheilverfahren – kann Licht als, Grundbaustein des Lebens definiert werden.

Im ophthalmologischen Praxisalltag sind die Anwendungen sehr vielfältig und aufschlussreich beschrieben.

Ob Lichtquanten tatsächlich mit Heilungschancen diverser Erkrankungen in Zusammenhang gebracht werden können – dieser Frage stellt sich die nachfolgende Arbeit.

ii. Introduction

For years the author´s life has been devoted to the study of the inexhaustible subject of light and its interactions, also inspired by the involvement in an ophthalmologist´s practice.

The various possibilities of therapies and treatments with light described up to now make possible a lot of speculations and cause assumptions by which this very interesting topic is quickly pushed into areas of metaphysics and esoteric.

But especially in medical applications – whether mainstream medical indication or naturopathy – light can be defined as an essential element of life.

In everyday experience of an ophthalmologist´s practice applications are described very diverse and insightful.

Whether photons can be realistically associated with cure rates of various diseases in the context of this question – there is the following working, which this question provides.

iii. Danksagung

Hiermit möchte ich mich bei allen Förderern, Diskussionspartnern, und Wegbereitern bedanken die es mir möglich machten diese Arbeit zu verfassen.

Mein besonderer Dank gilt meiner Frau Dr. Susanne Leschik für viele schöne Stunden der Diskussion, Ermunterung, und Begleitung dieser Arbeit.

Sowie Herrn Dr. Michael König, Herrn Prof. Dr. Harald Lesch und Herrn Prof.Dr.Dr. Werner Siems für Ihre naturphilosophische Unterstützung.

Halberstadt im November 2013

iv. Inhaltsverzeichnis

0.0 Am Anfang

Weißt du, wie Gott ihnen Weisung gibt und wie er das Licht aus seinen Wolken hervorbrechen lässt? [Hi 37,15],[0]

Über den Aspekt des Lichts wurde schon vor 1200 Jahre geschrieben und ernsthaft philosophiert.

Menschen aller Kulturkreise wurden sich der Bedeutung des Lichts und seiner Eigenschaften bewusst. Nicht nur der wärmenden Kraft der Sonne galt die Aufmerksamkeit vieler Beobachtungen, auch die heilenden Wirkmechanismen, damals allerdings noch unbekannter UV-Strahlung, konnten schon beschrieben werden.

Als Energielieferant ermöglicht das absorbierte Licht erst die Lebensvorgänge auf unserer Erde. Eine Grundlage, die die komplexe Reaktion in den Pflanzenzellen durch die Umwandlung von Kohlendioxid (CO_2) in Kohlenstoff (C) und Sauerstoff (O) durch die Photosynthese unter Lichteinwirkung erst möglich macht. Ohne Sonnenenergie wäre keine Kohle, kein Erdöl oder Erdgas auf unserem Planeten vorhanden.

Optische Technologien lassen sich bis in die Antike (ca. 1900 v.Chr.) zurückverfolgen, einzelne Stücke aus dem alten Ägypten sind Zeitzeugen im Ägyptischen Museum in Kairo [1].

Licht breitet sich geradlinig aus, diese Erkenntnis ist nicht neu und war zu der Zeit der griechischen Vordenker genauso bekannt wie auch die heutigen Reflexionsgesetze.

Bedeutende technische Erfindungen des späten Mittelalters wurden nicht nur von Galileo Galilei (1564-1642) der sein Linsenfernrohr nach einem Patent von Hans Lippershey (1587-1619) mit handgeschliffenen Linsen herstellte ,sondern auch von Zacharias Janssen (1588-1632) welchem die Konstruktion des Mikroskops zugesprochen wird, gemacht.

Erst die technischen Erfindungen der Optik ermöglichten einen tieferen Blick in das Wesen des Lichts allerdings sorgte die Uneinigkeit derer Vordenker, welche sich mit der Materie des Lichts befassten nicht gerade für sprudelnde Erkenntnisse.

Über Jahrhunderte stritten Gelehrte über und hinsichtlich Ihrer Beobachtungen.

Eine Schulmeinung von den Lehren Sir Isaac Newton (1643-1727) stütze sich auf die Existenz elementarer Lichtpartikel, wohingegen die andere Schulmeinung den Lehren Christiaan Huygens (1629-1695) folgte und die Wellennatur des Lichts postulierte.

So wurde Licht im 17. Jhd. entweder als Teilchenstrom oder als rasche Wellenbewegung in ätherischer Materie (siehe Glossar) dem Äther (siehe Glossar) verstanden.

Einigkeit herrschte derzeit auch nicht über die Ausbreitungsgeschwindigkeit des Lichts. Die Frage, ob die Ausbreitungsgeschwindigkeit des Lichtes endlich oder unendlich sei, war schon seit Jahrhunderten kontrovers diskutiert worden.

Anhänger des Aristoteles (384-322 v.Chr.), darunter René Descartes (1556-1650), plädierten für unendliche Lichtgeschwindigkeit. Erst Ole Christensen Römer (1644-1710) postulierte über die Endlichkeit der Lichtgeschwindigkeit.

James Clerk Maxwell (1831-1897) sollte es vorerst gelingen Einigkeit in die Sichtweise zur Betrachtung des Lichts zu bringen.

Maxwell schrieb 1864 „*This velocity is so nearly that of light, that it seems we have strong reason to conclude that light itself (including radiant heat, and other radiations if any) is an electromagnetic disturbance in the form of waves propagated through the electromagnetic field according to electromagnetic laws.*“- „*Diese Geschwindigkeit ist so nahe an der Licht-geschwindigkeit, dass wir einen starken Grund zu der Annahme haben, dass das Licht selbst (einschließlich Wärmestrahlung und anderer Strahlung, falls es sie gibt), eine elektromagne-tische Welle ist.*“ [2]

Mit der Aussage „Licht sei nichts anderes als eine elektromagnetische Erscheinungen in Form von Wellen“ wird die klassische Zusammenfassung des Erfahrungswissens seiner Zeit mit einem einzigen Satz mathematischer Gleichungen beendet.

Maxwell formulierte diese Gleichungen 1865 indem er den Zusammenhang von elektrischen und magnetischen Feldern mit elektrischen Ladungen und elektrischem Strom unter für ihn gegebenen Randbedingen diskutiert.

Nunmehr ist aber die Formalie nicht nur ein eleganter mathematischer Federstrich sondern mit der Interpretation dementsprechender Gleichungen erschließt sich der allgemeine Charakter des Lichts.

Dreißig Jahre nach James Clerk Maxwell Formalien, am 19.10.1900, hielt Max Karl Ernst Ludwig Planck (1858-1947) vor der Deutschen Physikalischen Gesellschaft einen Vortrag über eine Theorie des Lichts welche auch die submikroskopischen Phänomene berücksichtigt.

Die Quantenmechanik wurde neues Forschungsfeld der Physik und die Phänomenologie des Lichts wurde neu betrachtend diskutiert.

1.0 Prinzipien des Lichts

1.0.1 Kreis der Elektromagnetik

Licht ist Leben; ohne Licht gäbe es auf unserem Planten weder Fauna noch Flora.

„Licht ist das Gewebe aus dem Leben gewebt wird“ – so berichteten es schon die alten Schriften des Sokrates.

Jedoch brauchte es viele Jahrhunderte diese Kernaussage zu beweisen.

Sichtbares Licht, im trivialen Sinn unser Tageslicht, stellt aber nur einen Bruchteil des gesamten Spektrums an elektromagnetischen Energien dar. In Abhängigkeit von der Wellenlänge definiert sich Licht immer als Energieträger, von hochenergetischer Gammastrahlung (γ-Strahlung) mit > 120 keV bis zu den niederfrequenten Strahlungen der ULF-, SLF-, ELF-Bereiche des elektromagnetischen Spektrums mit Energien > 12 peV.

Geordnet nach zunehmender Frequenz und somit abnehmender Wellenlänge befinden sich am Anfang des Spektrums die Längstwellen, deren Wellenlängen einige tausend Kilometer betragen. Am Ende stehen die sehr kurzwelligen und damit energiereichen Gammastrahlen, deren Wellenlänge bis in atomare Größenordnungen reicht.

Bei kleinster Wellenlänge in Bereichen von 10^{-12} m – 10^{-20} m trifft man auf die harte Röntgenstrahlung – bis zur Höhenstrahlung. Mit größer werdender Wellenlänge gelangt man über Infrarot(Wärme)wellen bei $\lambda \approx 10^{-4}$ m schließlich zu den Fernseh-und Radiowellen bei $\lambda \approx 10^{4}$ m.

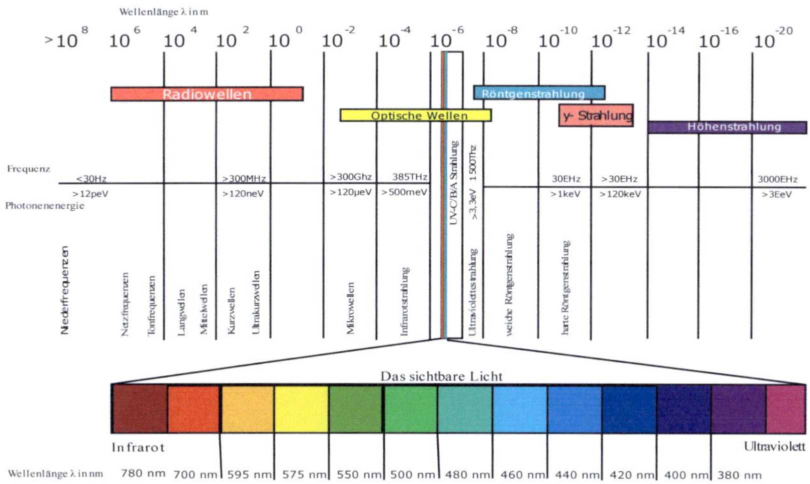

Abb.1 Das elektromagnetische Spektrum

Das schmale Frequenzband des sichtbaren Lichts liegt im gesamten *elektromagnetischen Spektrum* (siehe Glossar) zwischen 3,8 x 10^{14} Hz bis 7,5 x 10^{14} Hz und wird durch langwelliges infrarotes und kurzwelliges ultraviolettes Licht begrenzt.

Der bekannteste natürliche Lichtproduzent, unsere Sonne, emittiert in dementsprechendem Frequenzbereich des sichtbaren Lichts eine natürliche Wärmestrahlung die in den Sommermonaten mit einer Bestrahlungsstärke von 1400 W/m^2 die Atmosphäre durchdringt.

Tageslicht selbst, setzt sich aus vielen Frequenzbereichen (Farben) von Violett über Blau, Grün, Gelb und Orange bis Rot zusammen und entsteht im Allgemeinen durch eine Umordnung der Valenzelektronen (Außenelektronen in den äußersten *Orbitalen*) in Atomen und Molekülen [3].

Aber auch künstliche Lichtquellen, wie zum Beispiel Glühlampen, Leuchtstoffröhren, Leuchtdioden, *Laser* (siehe Glossar) und chemische Lichtquellen, sorgen je nach Einsatzbedingungen und Notwendigkeit für wohlige Wärme, Helligkeit oder gewünschte mechanische Effekte.

Isaac Newton schrieb in seinen Arbeiten zur Optik über die Struktur von weißem Licht als ein Gemisch aller Farben des sichtbaren Spektrums [4].

Mit Hilfe eines Prismas zerlegte er das sichtbare Licht in die verschiedenen Farben des elektromagnetischen Spektrums. Einfarbiges (monochromes) Licht; welches als Licht einer konkreten Wellenlänge definiert werden kann, so stellte Newton schon fest, lässt sich allerdings nicht mehr mit einem Prisma aufspalten worauf er seine *Korpuskeltheorie* (siehe Glossar) stützte.

Im Gegensatz zu weißem Licht stellen Spektralfarben an sich kein Gemisch mehr dar und können somit als rein – Monochrom – im Sinne von unzerlegbar verstanden werden.

Licht in seinem gesamten Spektrum; oder die Natur von elektromagnetischen Wellen spielt in unserem Leben eine grundlegende Rolle.

So ist nicht nur das sichtbare Licht, sondern auch die Röntgen-und Gammastrahlung, ein für Flora und Fauna lebenswichtiger Bestandteil des elektromagnetischen Spektrums.

1.0.2 Lichtenergie und Lichtimpuls

Nach der klassischen Theorie von Maxwell entsteht Licht durch die Bewegung von Ladungen.

Elektronen werden angestoßen und geben dabei Licht ab.

Dieser Grundmechanismus der *Photonik* (siehe Glossar) wurde erstmals Anfang des zwanzigsten Jahrhunderts durch den photoelektrischen Effekt, für dessen Erklärung Albert Einstein (1879-1955) den Nobelpreis erhielt, wissenschaftlich nachgewiesen.

Derartige Effekte ließen sich am besten mit der Idee erklären das Lichtteilchen sich wie winzige Punktteilchen mit spezifischer Energie verhalten, die bei dessen Auftreffen auf ein (Halbleiter-) Material Elektronen aus den Atomhüllen schlagen.

Einstein postulierte 1905 zur Erklärung des Photoeffektes den radikalen Vorschlag das Licht aus einer Ansammlung von Quanten besteht.

Für Einstein waren diese Quanten nichts anderes als Teilchen im Sinne von Energiepaketen.

Jedem dieser Energiepakete oder Photonen, wie sie im weiteren bezeichnet werden sollen, schrieb er eine Energie zu die der Frequenz proportional ist.

$E = h \cdot \vartheta$ 1.2.1

mit $h = 6{,}626 \cdot 10^{-34}$ Js als plancksche Wirkungskonstante

Die entscheidendste Aussage wurde aber von Einstein zur Wechselwirkung zwischen Materie und Photonen formuliert.

Diese Wechselwirkung zwischen Licht und Materie muss so Einstein auch in diskreten Energiepaketen stattfinden. Die sich daraus ergebende Schlussfolgerung ist die Erhöhung der Energie eines Elektrons nach Absorption eines Photons.

$\Delta E = h \cdot \Delta\vartheta$ 1.2.2

Dieser Prozess zeigt sich allerdings erst nach Überwindung einer inneren Barriere der atomaren Bindungskräfte.

Erst wenn diese kritische Energie überwunden wird lässt sich ein emittiertes Photon nachweisen.

Die vom Elektron absorbierte Energie wird zu einem Teil benötigt um die Bindungsenergie im Atom zu überwinden (hier Übergang auf ein höheres Energieniveau des Elektrons – mit Emission eines Photons) und zum anderen Teil geht die Restenergie in kinetische Energie des emittierten Elektrons über.

Im engeren Sinn ist Licht die feinstofflichst-mechanisch wirkende Form der Materie welche mit den Gesetzen der Quantenmechanik wahrscheinlichkeitstheoretisch erklärt werden kann

– je nach physikalischer Betrachtungsweise und Experiment stellt es sich zum einen als Welle oder als Teilchen dar.

Erwin C. Schrödinger (1887-1961) als Mitbegründer der Quantentheorie postulierte 1933

„In den neuen Vorstellungen ist die Unterscheidung zwischen Wellen und Teilchen verschwunden, da entdeckt wurde, dass alle Teilchen auch Welleneigenschaften besitzen und umgekehrt.

Keines der beiden Konzepte muss aufgegeben werden; vielmehr sind beide zu vereinigen.

Welcher Aspekt hervortritt, hängt nicht vom physikalischen Objekt ab, sondern von dem Messgerät, mit dem man dieses untersuchen will.“ [5]

Nach derzeitigem Kenntnisstand wird Licht mit seiner Teilchenstruktur den Photonen ohne Ruhemasse beschrieben, seine potentielle Energie ist Null was im engeren Sinne bedeutet dass ein Photon nicht in Ruhe vorkommen kann.

Teilchen ohne Ruhemasse (wie das Photon) bewegen sich ausschließlich immer mit Lichtgeschwindigkeit.

In der Bewegungsbetrachtung übertragen Photonen einen Impuls in Abhängigkeit zur Ladungsenergie nach dementsprechender Wellenlänge. (siehe Abb.2 Energie *E* pro Photon in eV)

In der speziellen Relativitätstheorie wurde durch Einstein der Begriff der bewegten Massen eingeführt. Masse wird hier so definiert, dass der Impuls weiterhin durch

$\vec{p} = m \cdot \vec{v}$ 1.2.3

also als Produkt von Masse und Geschwindigkeit, definiert ist.

Diese relativistische Masse nimmt mit der kinetischen Energie zu und ist über die Formel

$E = m \cdot c^2$ 1.2.4

mit der Gesamtenergie gekoppelt.

Damit ist die relativistische Masse allerdings nur eine andere Maßeinheit für Energie.

Nach Newtons klassischer Mechanik definiert sich der Impuls $\vec{p}$ eines Körpers auch als Produkt aus seiner Masse m und seiner Geschwindigkeit $\vec{v}$.

$\vec{p} = m \cdot \vec{v}$ 1.2.5

Da die Masse ein Skalar ist, sind Impuls und Geschwindigkeit Vektoren mit gleicher Richtung.

Es definiert sich eine Beziehung zwischen Energie E, Impuls $\vec{p}$ und Masse m.

In der *hamiltonschen Mechanik* wird der Bewegungszustand eines Massepunktes nicht durch seine Geschwindigkeit, sondern durch seinen Impuls $\vec{p}$ ausgedrückt.

In diesem Fall gilt:

$$E_{kin} = \frac{\overrightarrow{p^2}}{2m} \quad 1.2.6$$

Um die Geschwindigkeit eines Körpers zu ändern, muss ein Impuls übertragen werden.

Der pro Zeit übertragene Impuls $\vec{p}$ ist die Kraft $\vec{F}$.

$$\frac{d\vec{p}}{dt} = \vec{F} \quad 1.2.7$$

In der relativistischen Physik hängt der Impuls eines Körpers mit seiner Geschwindigkeit nicht linear zusammen (*c* ist die Lichtgeschwindigkeit):

$$\vec{p} = \frac{m \cdot \vec{v}}{\sqrt{1-\frac{v^2}{c^2}}}, v^2 < c^2 \quad 1.2.8$$

Mit der Masse und der Energie

$$E = \frac{m \cdot c^2}{\sqrt{1-\frac{v^2}{c^2}}} \quad 1.2.9$$

besteht die Energie-Impuls-Beziehung

$$E^2 - \overrightarrow{p^2} \cdot c^2 = m^2 \cdot c^4 \quad 1.2.10$$

$$E = \sqrt{m^2 \cdot c^4 + \left|\overrightarrow{p^2}\right| \cdot c^2} \quad 1.2.11$$

Unter der Annahme einer Ruhemasse $m = 0$ für dementsprechendes Photon erhält man

$$E = \vec{p} \cdot c \quad 1.2.12$$

Demzufolge ist die Energie eines Lichtquants gleich seinem Impuls multipliziert mit der Lichtgeschwindigkeit.

Während in der klassischen Physik jeder Körper eine von Null verschiedene Masse hat, gilt die relativistische Energie-Impuls-Beziehung auch für masselose Teilchen des Photons.

Sie bewegen sich stets mit Lichtgeschwindigkeit.

Beim Photon hängt der Betrag des Impulses $|\vec{p}|$ von seiner Wellenlänge λ ab:

$$|\overrightarrow{p_{Photon}}| = \frac{h}{\lambda} \quad 1.2.13$$

wobei *h* das plancksche Wirkungsquantum ist.

Die Energie eines Photons ist bis auf den Faktor der Lichtgeschwindigkeit gleich dem Betrag seines Impulses:

$$E_{Photon} = |\overrightarrow{p_{Photon}}| \cdot c \quad 1.2.14$$

Die Schlussfolgerung dass der Betrag des Impuls $|\vec{p}|$, also die Energie eines Photons in Abhängigkeit von der Wellenlänge λ zu suchen ist definiert für weitere Betrachtungen der Lichtwirkung auf den menschlichen Organismus einen entscheidenden Grundgedanken und erlaubt es eine Gesamtbetrachtung der Energien hinsichtlich der Farbwirkungen anzustellen.

Wie in Abb.3 kann jeder konkreten Wellenlänge λ auch eine Farbe mit dementsprechender kinetischer Energie der Photonen in Elektronenvolt zugeschrieben werden.

1.0.3 Überlagerung und Ausbreitung von Licht

1.0.3.1 Interferenzen

Eigenschaften des Lichts wie Absorption, Reflexion, Remission, Streuung, Brechung, sind hinreichend beschrieben. Lediglich die Interferenz und die Dispersion sollen noch einmal mit Beispielen charakterisiert werden.

Für die Interferenzerscheinungen des Lichts gibt es in der Natur vielfältige Beobachtungen.

Sie entsteht durch die Überlagerung von zwei oder mehreren Wellen nach dem *Superpositionsprinzip* (siehe Glossar) – also die Addition ihrer Amplituden (nicht der Intensitäten) während ihrer Durchdringung des Mediums.

Ein Beispiel für die Interferenz von Licht ist das vielfältige Farbspiel eines Ölfilms auf Wasser.

Abb.2 Interferenz von Licht

Obwohl das Phänomen der Interferenz aus der Wellentheorie der elektromagnetischen Natur des Lichts heraus betrachtet und erklärt werden kann so bietet doch die quantenelektrodynamische Betrachtung hier sinnvolle Einblicke.

Mit dem klassischen Interferenzversuch, bei dem ein einfallender Lichtstrahl durch ein optisches Element in zwei oder mehrere Teilstrahlen zerlegt wird, die, nach dem sie unterschiedliche Lichtwege zurückgelegt haben , wieder zusammengeführt werden und ihre typischen Überlagerungen darstellen, bereitet die Beschreibung der Interferenz keine schwierigkeiten.

Problematisch wird die Erklärung aber wenn das einfallende Licht als räumlich lokalisiertes Lichtteilchen diskutiert wird.

Was geschieht mit dem Photon bei seinem auftreffen auf einem Strahlenteiler ?

Teilt es sich ebenfalls oder erhält es seine Anfangsstruktur?

Tatsächlich gibt es kaum einen Zweifel daran, dass Photonen – im Sinne von Energiequanten – unteilbar sind.

Betrachtet man die logischen Folgen die sich aus der Teilung von Photonen ergeben würden müsste man in der Natur Energiequanten mit Energien von

$E = \frac{1}{2} h \cdot \vartheta$ 1.3.1.1 vorfinden.

Dieses Energieprodukt könnte aber auf keinen Fall – wollte man nicht das Bohrsche Atommodel in Frage stellen – absorbiert werden da die Energie eines halben Photons dem Atom nicht reicht um den Übergang in andere Energieniveaus ausführen zu können.

Sicherlich gibt es auch bei Photonen Interferenzerscheinungen aber immer nur in der Menge der in Betracht kommenden Überlagerung von Lichtquanten.

Entscheidend bei der Spezifizierung von Licht ist seine Wellenlänge λ. Nach dem Superpositionsprinzip überlagern sich nur Bedingungen gleicher physikalischer Größe was im Umkehrschluss bedeutet das sich auch nur Licht gleicher Wellenlänge überlagern und verstärken kann.

Das diese Behauptung stimmig ist kommt in der Abb. 2 deutlich zum Ausdruck.

Hinreichende Theorien der Quantenelektrodynamik (QED) umfassen die gesamt beschriebene Skala und bilden die moderne Grundlage einer Beschreibung materiell energetischer Zusammenhänge, inklusive der des Lichtes.

Bei empirischer Betrachtung des Lichts zeigt sich bei hoher Frequenz und kleiner Wellenlänge wie zum Beispiel bei „Blau" (2,95-2,535 eV) eine höhere Energie als bei „Rot" (1,91-1,655 eV) mit niedriger Frequenz und großer Wellenlänge.

Wellenlängenbereiche der Spektralfarben des sichtbaren Lichts

Farbton	Wellenlänge λ/nm	Wellenfrequenz ν /THz	Energie E pro Photon/eV	Wellenzahl $\tilde{\nu}$/cm^{-1}
Violett	380–440	789,5–714,5	3,26–2,955	26.316–23.810
Blau	440–492	714,5–612,5	<2,95–2,535	23.810–20.408
Grün	492–571	612,5–522,5	2,53–2,165	20.408–17.391
Gelb	571–586	522,5–513,5	2,16–2,125	17.391–17.094
Orange	586–610	513,5–462,5	2,12–1,915	17.094–15.385
Rot	610–780	462,5–400,5	1,91–1,655	15.385–13.333

Abb.3 Energie der Spektralfarben

1.0.3.2 Spektralfarben

Dispersion, die Ausbreitung und Zerstreuung von Licht, ist physikalisch Betrachtet die Abhängigkeit des Brechungsindex von Wellenlänge und Frequenz des Lichts.

In der Optik ist dies speziell die von der Farbe des Lichts abhängende Ausbreitungsgeschwindigkeit des Lichts in Medien.

Abb.4 Dispersion im Prisma

Der Brechungsindex

$n = n(\lambda)$ 1.0.3.2.1

nimmt mit zunehmender Wellenlänge ab.

$\frac{dn(\lambda)}{d\lambda} < 0$ 1.0.3.2.2

Diese sogenannte normale Dispersion tritt bei allen Medien (z.B. Glas, Quarz, Flussspat) im Durchsichtigkeitsbereich auf.

Ursachen der Dispersion finden sich in den quantenmechanischen Gesetzen und Gleichungen.

Möchte man diese quantenmechanischen Gesetzmäßigkeiten interpretieren stellt man ursächlich fest das unterschiedliche Werte der Gruppengeschwindigkeit $\check{c}$; Geschwindigkeit mit der sich die Lichtwelle und damit die Energie ausbreitet und der Phasengeschwindigkeit $\widetilde{c_{Ph}}$; Geschwindigkeit mit der sich ein Zustand gleicher Schwingungsphase innerhalb der Welle bewegt definiert werden kann [6].

Hieraus folgt das unterschiedliche Farben unterschiedliche Wellenlängen und unterschiedliche Ausbreitungsgeschwindigkeiten aufweisen, wobei „Violett“ stärker gebrochen wird als „Rot“.

Ein weißer Lichtstrahl erzeugt bei seinem auftreffen auf ein Medium einen weißen Fleck.

Wird nun ein Prisma mit horizontal brechender Kante in den Strahlengang gebracht, erscheint statt des weißen Flecks ein Spektrum in Form eines vertikalen Farbstreifens.

Die Farben treten in der Reihenfolge Rot, Orange, Gelb, Grün, Blau, Violett horizontal betrachtet auf, wobei Rot am wenigsten, Violett am stärksten gebrochen wird.

Tatsächlich enthält das Spektrum nicht nur die gerade genannten Farben, sondern Millionen andere, die kontinuierlich ineinander übergehen.

Zwischen grün und blau liegen z.B. noch Blaugrün, Olivgrün, Dunkelgrün, usw.

Es gibt aber auch einige Farben, die nicht im Spektrum enthalten sind. Diese entstehen z.B. durch Farbmischung oder wenn man Licht einer bestimmten Farbe aus dem weißen Licht entfernt.

1.1 Definition Licht – zum Welle/Teilchen Dualismus

Der schon im 17. Jhd. entbrannte Streit zwischen Newton und Huygens ob Licht nun eine Welle oder ein Teilchen ist konnte erst im frühen 20. Jhd. geklärt werden. Die Beantwortung dieser Frage wird aber immer einen differenzierten Betrachtungsschwerpunkt haben da es sowohl Hinweise für den Teilchen- als auch Wellencharakter des Lichtes gibt.

Die ersten kleinen Einblicke in die Natur des Lichts konnten erstmals mit der Quantisierung des Lichts theoretisch erörtert werden. Jenseits aller Theorie gibt es für den Physiker zwei Grundkonzepte. Nach einem Konzept breitet sich das Licht in Form von Wellen aus. Andererseits erreicht uns das Licht in Form von Teilchen.

1802 zeigte Thomas Young (1773-1829) ein Augenarzt und Physiker, experimentell mit dem Doppelspaltexperiment, das Licht sich durch Interferenz auslöschen lässt. Joseph von Fraunhofer (1787-1826) experimentierte seinerseits 1812 mit der Beugung von Licht an optischen Gittern (fraunhofersche Beugung) und postulierte damit abermals den Wellencharakter des Lichts.

Sowohl das Doppelspaltexperiment als auch die Lichtbeugung an optischen Gittern wurden als eindeutiges Indiz für den Wellencharakter des Lichts interpretiert. Polarisierbarkeit sowie Vorhersage und Nachweis des *Poisson-Flecks* (siehe Glossar) sorgten zusammen mit der Formulierung der Maxwellgleichungen Ende des 19. Jahrhunderts dafür, dass die Wellennatur des Lichtes allgemein anerkannt wurde.

Alle weiteren Experimente deren Bestätigung die Kohärenz oder Interferenz des Lichtes zur Folge haben ließen sich nur mit dem Wellenmodell erklären.

Einsteins Untersuchungen des von Wilhelm Hallwachs (1859-1922) 1888 beobachteten photoelektrischen Effektes bestätigte das Wellenmodel des Lichts jedoch nicht.

Licht ist zwar Welle aber auch Teilchen formulierte Einstein rückblickend aus dem Photoeffekt.

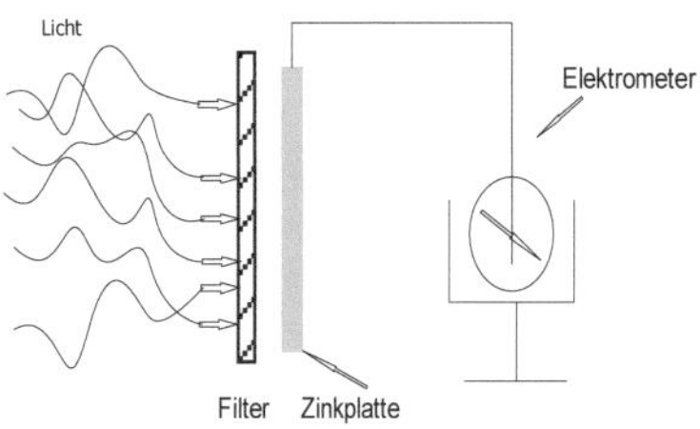

Abb.5 Photoeffekt nach Hallwachs

Nach Hallwachs bleibt bei Bestrahlung der positiv geladenen Zink-Platte mit Licht die Ladung konstant unabhängig von der Frequenz des Lichts oder des verwendeten Filters. Bei der

Bestrahlung der negativ geladenen Zink-Platte mit Licht erfolgt eine Entladung der Platte. Die Rate, mit der sich das Elektrometer entlädt (der Photonenstrom) nimmt dabei mit der Intensität des Lichts zu.

Durch Verwendung einer Glasplatte als Filter kann die Entladung gestoppt werden, da offenbar der für den Photoeffekt relevante Teil, des von der Lichtquelle ausgesandten Spektrums, absorbiert wird.

Eine Quarzscheibe als Filter hingegen vermag die Entladung nicht zu verhindern. Aus den experimentellen Beobachtungen können folgenden Schlussfolgerungen gezogen werden.

- Durch die Bestrahlung mit Licht werden negative Ladungsträger (Elektronen) von der Zink-Platte entfernt.
- Aus der Beobachtung des Experiments unter Verwendung verschiedenartiger Filter folgt, dass das Austreten von Elektronen von der Wellenlänge des Lichts abhängt.
- Im Falle einer Zinkplatte ist das ultraviolette Spektrum für den Effekt verantwortlich. Eine Glasplatte absorbiert dieses, während es von Quarz durchgelassen wird.
  Bei genügend stark positiv aufgeladener Platte werden weitere Elektronen, aufgrund der starken Coulomb-Wechselwirkung mit den positiven Ladungen der Platte, am Austreten gehindert.

Eine Erklärung durch Einstein im Jahr 1905 beruht auf der Annahme von Lichtteilchen und war nach Plancks Entdeckung dementsprechenden Wirkungsquantums im Jahre 1900 der zweite Impuls für eine neue Physik; der Quantenmechanik.

Aber auch Einstein war klar das Interferenzerscheinungen mit seinem Teilchenkonzept des Lichts nur schwer in Einklang zu bringen waren.

Ein Elektron und damit war auch ein Lichtquant gemeint ist ein Teilchen, aber auch eine Welle, schrieb deBröglie 1924 zwei Jahrzehnte nach Einstein. Zahlreiche darauf folgende Versuche bestätigten diese Vermutung.

Erst durch die Quantenmechanik konnte dieser Welle-Teilchen Dualismus in dem Sinne geklärt werden, dass Licht Wellen- und Teilcheneigenschaft besitzt die je nach durchgeführtem Experiment diskutiert werden können.

Dass so winzige mikroskopische Objekte mal einen typischen Teilchen- aber auch einen Wellencharakter zeigen können verblüfft immer wieder neu. Aber ein Dualismusproblem existiert in der Quantenmechanik nicht, denn alle mit Ihr verbundenen Phänomene werden mit dementsprechenden Formalien dargestellt und einwandfrei nachgewiesen.

Die von Einstein beschriebenen Lichtquanten breiteten sich nach seiner Vorstellung in dosierten Lichtpaketen aus; 1926 bekamen sie von Gilbert Newton Lewis den Namen „Photonen".

Lewis schrieb-

„Ich nehme mir die Freiheit, für dieses neue Atom, das kein Licht ist aber eine wesentliche Rolle bei jedem Strahlungsprozess spielt, den Namen ‚Photon' vorzuschlagen." [7]

1.2 Dynamische Betrachtung der Absorption und Emission von Licht

Im Besonderen ist der atomare Übergang in ein höheres oder niederes Energielevel sehr dynamisch.

Es müssen zwei unterschiedliche Prozesse Absorption und Emission charakterisiert werden die im Folgenden diskutiert werden.

Zur Klärung der Absorption von Photonen (Lichtteilchen) in einem einfachen Betrachtungssystem; wobei der Einfachheit halber die Diskussion über die Quantenzahl vernachlässigt werden soll, werden die Zustände lediglich durch zwei Energieniveaus festgelegt.

(Siehe hierzu Skizze Abb.5)

Die definierten atomaren Energiezustände E_1 und E_2 stellen den Energiezustand des Atoms (Atomkern und Elektron) vor oder nach der Absorption eines Photons dar. Fällt ein Atom wieder in den Energiezustand E_1 zurück wird ein Photon emittiert man spricht hier von der Emission.

Ein sich in niedrig energetischem Zustand befindliches Atom wird durch die Absorption eines Photons angeregt und geht in den Energiezustand E_2.

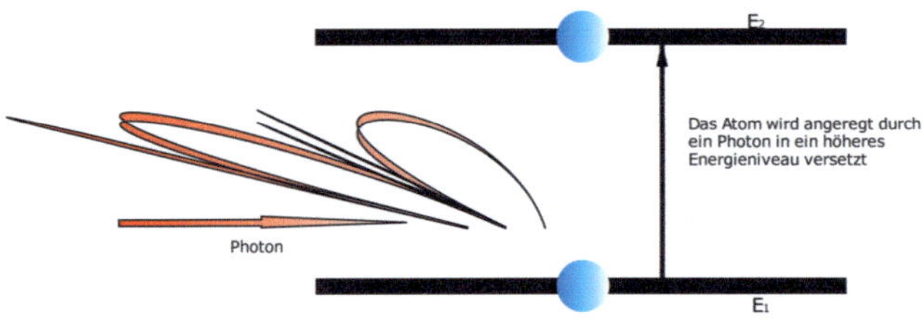

Abb.6 Atomanregung durch ein Photon

$E_2 - E_1 = h \cdot \vartheta_{21}$ 1.3.1

Bei dementsprechendem Übergang muss eine genaue Frequenz nicht bestimmt vorliegen. Photonen können innerhalb der natürlichen Linienbreite absorbiert werden. Die Absorption eines Photons von einer Frequenz ϑ hebt die Energie des Atoms um den Betrag $h \cdot \vartheta$.

Als Beispiel für diese diskreten Energieübergänge sei die Bogen- oder auch Funkenentladung genannt.

Für eine Bogenentladung zwischen zwei Elektroden werden große Entladungsströme benötigt, bei Stromfluss erhitzen sich die Elektroden so stark das es zu einer Glühemission durch Elektrodenauslösung der Kathode kommt.

Die Glühemission (siehe Abb.7) geht in einem Lichtbogen zur Anode über.

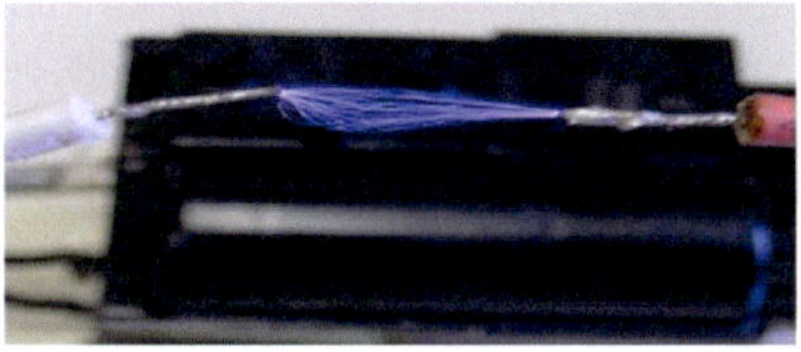

Abb.7 Lichtbogenentladung hochenergetisierter Elektroden

Die natürliche Absorption und Emission von Strahlungsenergie ist nur durch im Atom gebundene Ladungen der Elektronen möglich. Diese negativ geladenen Teilchen mit einer Masse von $9{,}109\ 382\ 9140 \cdot 10^{-31}$ kg umkreisen entsprechend ihrem Energieniveau in definierten Abständen den schweren positiv geladenen Atomkern (bestehend aus Protonen und Neutronen) in einer schwach geladenen Wolke.

Um dementsprechenden Größenvergleich zu visualisieren stelle man sich eine Fußballarena vor dessen zentraler Punkt – der Anstoßpunkt – der Atomkern sei, das Elektron müsste dann auf den hintersten Rängen stecknadelkopfgroß mit einem Durchmesser von $5{,}63 \cdot 10^{-15}\,m$ gesucht werden wobei sich das letzte Energieniveau dementsprechender den Atomkern umkreisender Elektronen in 2 km Entfernung befindet.

Emissionen des Atoms werden durch eine Umordnung im äußersten Energieniveau der Elektronenwolke verursacht. Dieser Mechanismus ist die in der Natur auftretende Lichtquelle.

Ein stabiles Atom kann in seinem Grundzustand theoretisch unendlich lange bestehen.

Kommt es jedoch zu einer Energiezufuhr mit einem anderen Atom, einem Elektron oder Photon wird es in ein höheres Energieniveau gehoben. Das Atom befindet sich jetzt im angeregten Zustand. Allerdings ist dieser Zustand instabil und nicht von langer Dauer.

Naturgemäß fällt das Atom immer wieder in seinen Grundzustand zurück und emittiert dabei ein Photon.

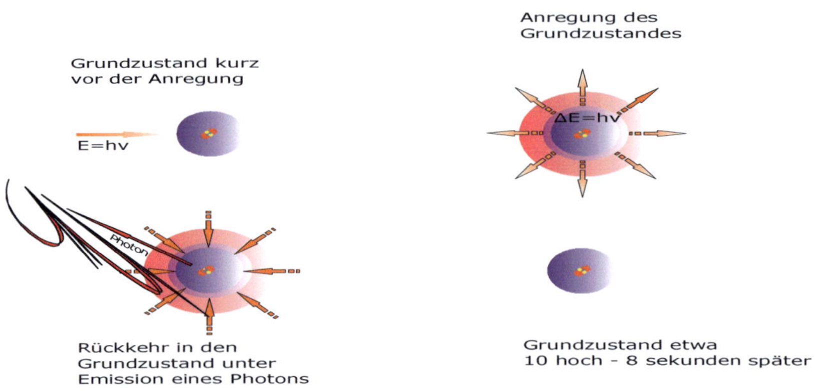

Abb.8 atomares Energieniveau

2.0 Quantenmechanische Bemerkungen zum Licht

Licht wird in Form kleinster dosierter Lichtpakete elektromagnetischer Materie als Photonen absorbiert und emittiert.

Ob Licht jedoch tatsächlich als echter Photonenstrom betrachtet werden sollte ist auch heute noch nicht gänzlich geklärt.

Louis-Victor Pierre Raymond de Broglie (1892-1987) sagte dazu: „Licht ist, kurz gesagt, die feinste Form der Materie“. Jede Form der Materie einschließlich auch die des Lichtes ist gequantelt, Quantenmechanisch betrachtet besteht es aus den kleinsten Elementarteilchen und eines davon sind die Photonen. Ausgehend von dieser Betrachtung mag man die Teilchennatur des Photons den Welleneigenschaften vorziehen.

Die bis hier geführte klassische Diskussion zum Verständnis des Lichts ist allerdings nur die eine Seite der Medaille und zwingend auch quantenmechanisch zu betrachten.

In der klassischen Physik werden Naturvorgänge immer als klare Fakten betrachtet deren Determinanten deutlich in Raum, Zeit und Geschwindigkeit definiert sind. Das bedeutet dementsprechende physikalische Größen wie zum Beispiel Ort und Impuls eines Teilchens besitzen wohl definierte Werte.

Im Mikrokosmos der Quantenmechanik kann man allerdings davon ausgehen das zu beobachtende Naturerscheinungen, je tiefer man in den Mikrokosmos eindringt, unschärfer nicht mehr zu beobachten oder gänzlich vom Experimentator durch die Art und Weise der Beobachtung, verfälscht werden.

Genauer gesagt im Mikrokosmos existiert eine spezifische quantenmechanische Unbestimmtheit.

Die Dinge werden unscharf und vernebeln.

Mit gleichem Gedanken prägte Werner Karl Heisenberg (1901-1976) die Grundlagen seiner nach ihm benannten Unschärferelation für Ort und Impuls eines Teilchens.

Er postulierte 1927 die Heisenbergsche Unschärferelation, eine der Kernaussagen der Quantenmechanik die 1932 mit dem Nobelpreis für Physik geehrt wurde.

Die wesentlichste Aussage zur quantenmechanischen Unschärfe ist eine genaue Beschreibung dessen was sie nicht ist.

Der puren Unkenntnis über die gewünschten physikalischen Parameter des Ereignishorizontes allerdings reicht hier der Quantenmechanik eine exakte mathematische Lösung welche aber keinerlei Hinweise auf konkrete Vorstellungsmöglichkeiten des Ereignisses bietet.

Die in Abb.6 gezeigten atomaren Zustände beschreiben zwei atomare Niveaus 1 und 2 mit den Energiezuständen E_1 und E_2.

Nach den Formalien der Quantenmechanik hat man sich vorzustellen das es keinerlei Unterschiede im physikalischen Zustand der einzelnen Atome gibt. Sie befinden sich in einem reinen Zustand.

Mathematisch wird der Zustand aller Atome durch eine Überlagerung dementsprechender Wellenfunktion beschrieben.

Werner Karl Heisenberg definiert hier: $\Psi = \alpha(t)\Psi_1 + \beta(t)\Psi_2$ 2.0.1

Ψ_1 und Ψ_2 definieren die zum atomaren Niveau 1 und 2 gehörenden Eigenfunktionen. Interpretiert man diese Formalie umgangssprachlich, so kommt man zu der Entscheidung das beide Energiezustände nur eine Möglichkeit darstellen deren Wahrscheinlichkeit berechnet werden kann.

2.1 Wechselwirkungen von Licht und Materie

Die Wechselwirkung zwischen Licht und Materie ist einer der komplexesten Vorgänge der Physik.

Egal ob sich das Wasser des Lieblingssees im Sommer aufgrund der Absorption von Lichtquanten in ein Badeparadies verwandelt, die Solarzellen am Haus das Sonnenlicht in Strom umwandelt, oder wir unsere Verspannungen mit Infrarot behandeln; überall in unserem täglichen Leben begegnen wir den Auswirkungen der Wechselwirkung von Licht und Materie.

Nicht nur technisch – für die Entwicklung der so genannten Quanten-Computer ist das Verständnis der Wechselwirkungen zwischen einzelnen Lichtteilchen, Photonen, und Atomen entscheidend – auch in der Medizin werden einige Prozesse des Lichts und seine Wirkung auf den Menschen diskutiert und mit Erfolg praktiziert.

Wird ein Photon wie beschrieben beim Atomübergang abgegeben; ist die gequantelte Energie gleich der des abgebenden Atoms. Bei der Interaktion mit Materie geht diese Energie nach dem Energieerhaltungssatz nicht verloren und kann z.B. als Wärmeenergie empfunden werden.

Das abgegebene Photon schwingt analog zum abgebenden Atom in einer Resonanzfrequenz was es wiederum möglich macht das auch ein Photon in der Lage ist seine potentielle Energie auf ein bewegtes Atom zu übertragen was wiederum die Bewegung des Atoms stark beeinflusst.

Diese Interaktion elektromagnetischer Wechselwirkung erstreckt sich weit in den Raum wie in den Stringtheorien philosophiert und wird heute mit dem Begriff der elektroschwachen Wechselwirkung (ESW) beschrieben. Analysiert und theoretisch nachgewiesen werden dementsprechende Wechselwirkungen mit dem Komplex abstrakten mathematischen Gebilde der Quantenmechanik.

Eine Teildisziplin der Quantenmechanik welche sich mit Teilchen und dessen Wechselwirkungen beschäftigt ist die *Quantenfeldtheorie* (siehe Glossar).

Lichtquanten werden in dieser Theorie aus der Quantisierung des elektromagnetischen Feldes erklärt und mit der Quantenelektrodynamik (QED) beschrieben.

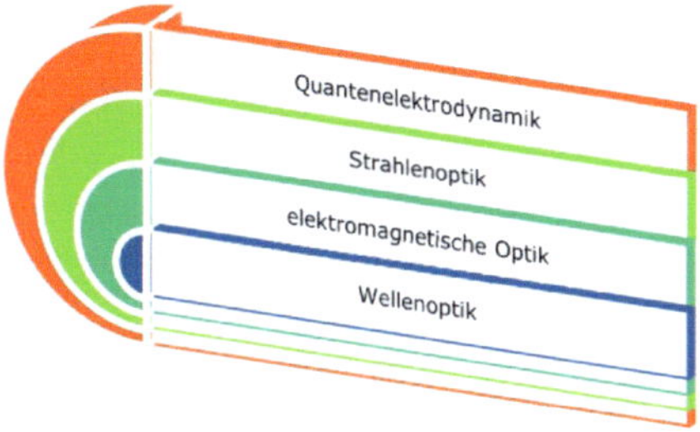

Abb.9 Quantenelektrodynamik

Nur für optische Ereignisse wird diese Theorie Quantenoptik (QO) genannt.

In der Quantenelektrodynamik werden elektrische und magnetische Felder nicht als Vektoren sondern als Operatoren in einem *Hilbertraum* (siehe Glossar) betrachtet.

Die Gleichungen der Quantenelektrodynamik beschreiben die Wechselwirkung von Licht und Materie genauso wie die Maxwellgleichungen in der klassischen Physik.

Mit dem Erfolgsmodell der QED, von Richard P. Feynman (1918-1988) gelingt es die Wechselwirkungen der physikalischen Grundkräfte mit ihren Wechselwirkungsteilchen zu erklären.

Feynmans anschauliche Methoden und Darstellungen quantenfeldtheoretisch elementarer Wechselwirkungen durch zum Beispiel Feynman-Diagramme ist heute experimentell bewiesener Standard.

Mit seiner Aussage „Licht verhält sich wie ein Strom von Teilchen“ folgt er der ursprünglichen Meinung Newtons.

Licht wird nach Feynman als ein wechselwirkender Strom von Photonen, deren Verhalten als Gesamtheit statistisch vorhergesagt werden kann verstanden.

Der elektroschwachen Theorie welche die Quantenelektrodynamik mit der Theorie der elektroschwachen Wechselwirkung verbindet gebührt im 21. Jahrhundert die Ehre der umfassenden Erklärungsmöglichkeiten.

Die elektroschwache Theorie erklärt mit Präzision unerwartet kleine Rotationen der Polarisationsebene des Lichts beim Durchgang durch Materie.

Auch in der medizinisch induzierten Therapie mit Lichtquanten und ihren Wechselwirkungen im menschlichen Gewebe bietet die Quantenelektrodynamik eine grundlegende Betrachtungsmöglichkeit dementsprechender Gesetzmäßigkeiten.

Aber die Gesamtheit der Quantenfeldtheorie geht hier noch weiter; so postuliert die moderne Physik dass alle Felder gequantelt sind.

Gravitation; elektromagnetische, starke und schwache Wechselwirkung werden jeweils von einem bestimmten Feldteilchen (Bosonen) vermittelt.

Diese Boten-Bosonen werden von den in Wechselwirkung stehenden Teilchen (Elektronen; Protonen usw.) ständig absorbiert und emittiert.

Für die Vermittlung im elektromagnetischen Feld sorgt das Photon.

Als masseloses Teilchen bewegt es sich mit Lichtgeschwindigkeit und führt dabei wie schon nachgewiesen Impuls und Energie mit sich.

Für die kühne idealistische Behauptung, Photonen existieren nicht ohne dementsprechende Wechselwirkung, gibt es noch keine materialistische Lehrmeinung, allerdings beantwortet uns das Universum mit 98 % schwarzer nicht leuchtender Materie schon diese Frage.

3.0 Verstärktes Licht – Der Laser

Schon 1917 postulierte Albert Einstein das nicht nur eine spontane Emission von Photonen auftreten können sondern auch eine stimulierte Emissionen möglich sein soll, was zur Folge hätte das ein mit passender Energie beschriebenes Photon selbst in der Lage wäre Elektronen zu Übergängen aus einem höheren in ein tieferes Niveau stimulieren zu können.

Die dabei erzeugten Photonen verstärken das induzierende Photon wobei ein Lichtstrahl mit hoher Intensität entsteht.

Der Laser (dessen Bezeichnung er 1960 bekam) war als geistiges Produkt geboren.

Bei normalem Licht entstehen Photonen in völlig diffusen Wechselwirkungen was dazu führt das nicht zusammenhängende kurze Wellenzüge ausgesandt werden.

Bei einem Laser (Lichtverstärkung durch induzierte Emission von Strahlung) hat man es dagegen mit einem Synergieeffekt zu tun.

Man spricht auch vom „kollektiven Phänomen der Photonen“.

Hierbei koppeln alle stimuliert erzeugten Photonen phasenrichtig an die Ausgangswelle an und erzeugen somit eine Lichtwelle mit hoher Kohärenzlänge.

In einem System von Atomen sind die niederen Energiezustände immer stärker besetzt als die hohen.

Die Wahrscheinlichkeit, dass ein Photon durch Absorption ein Elektron auf ein höheres Niveau anhebt, ist genauso hoch wie die Wahrscheinlichkeit, dass es eine stimulierte Emission auslöst.

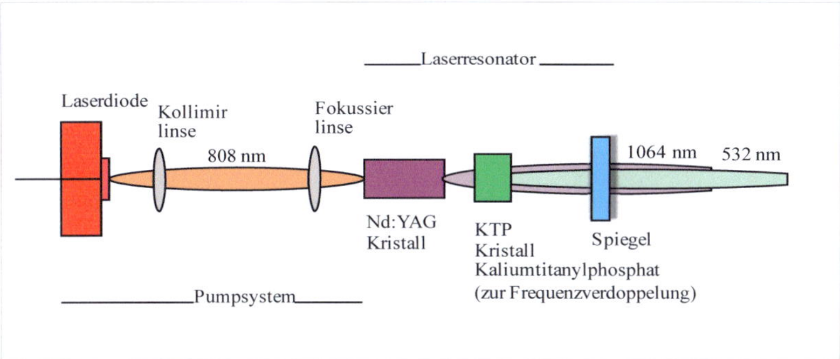

Abb.10a schematischer Aufbau eines frequenzverdoppelten Nd:YAG-Lasers für SLT

Um eine Verstärkung von Licht zu erreichen, müssen daher mehr Elektronen im höheren Niveau liegen als im niedrigen, so dass aufgrund der Besetzung die Wahrscheinlichkeit für die stimulierte Emission höher ist als für die Absorption.

Dieser künstlich herbeigeführte Zustand stellt eine erste Laserbedingung dar.

Die sogenannte Besetzungsinversion die durch *optisches Pumpen* (siehe Glossar) erreicht wird ist eine Grundvoraussetzung um Laserlicht zu erzeugen.

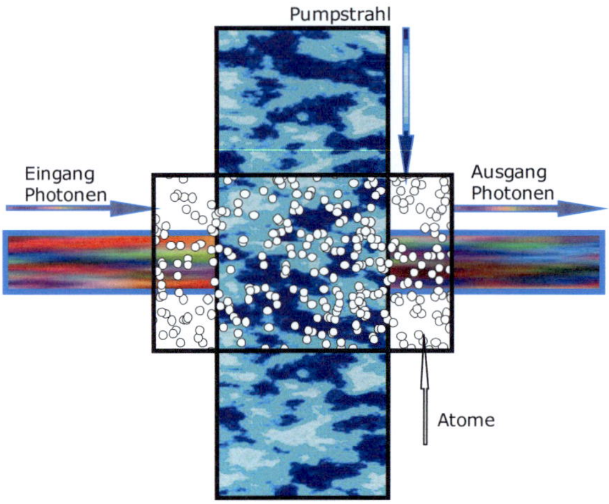

Abb.10b Laserverstärkung

Eine äußere Energiequelle regt das aktive Medium, welches hier als eine Ansammlung von Atomen dargestellt ist, an und erzeugt die Besetzungsinversion.

Photonen wechselwirken mit den Atomen und veranlassen je weitere Photonen zu emittieren. Jene emittierten Photonen haben dieselbe Frequenz, Richtung und Polarisation wie das anfängliche Photon.

Im Ergebnis dieser Wechselwirkung kommt es zur Lichtverstärkung.

Allerdings tritt die induzierte Emission nur dann auf wenn die Photonenenergie annähernd gleich der Energiedifferenz des atomaren Überganges ist was zur Folge hat dass der Prozess auf ein ganz konkretes Band von Frequenzen beschränkt ist; welche durch die atomare Linienbreite bestimmt werden.

Als zweite Bedingung bedarf ein stabil schwingender Laser einen Resonator der für eine positive Rückkopplung sorgt.

In den häufigsten Konstruktionen werden Fabry-Perot-Resonatoren verwendet bei denen das Licht zwischen zwei Spiegeln hin und her läuft und dabei eine stehende Welle aufbaut.

Die Laserwellenlänge wird durch die Geometrie des Resonators bestimmt. Für die Auskopplung des Lasertrahls ist es wichtig das mindestens ein Spiegel teildurchlässig ist.

Ein fast paralleler Laserstrahl vom Durchmesser D lässt sich mit einer Sammellinse der Brennweite f' fokussieren.

Der Fokusdurchmesser d ist beugungsbegrenzt und beträgt in seiner Näherung

$$d \approx \lambda \frac{f'}{D} \quad 3.0.1$$

Die damit möglichen Strahlungstärken des Laserlichts können nun so groß gewählt werden das es theoretisch möglich ist jede absorbierende Substanze formgebend zu bearbeiten oder deren Struktur zu verändern.

Die daraus resultierenden Einsatzmöglichkeiten machen den Laser sowohl industriell, für technische Anwendungen, aber auch medizinisch operierend nutzbar.

Der Lichtstrahl des Lasers verläuft auch nach tausenden von Kilometern parallel und die Energiemenge kann punktgenau fokussiert werden – was den Einsatz des Lasers als Abstandmesser oder Schweißgerät möglich macht.

Eine aber gerade in der Medizintechnik genutzte Eigenschaft des Lasers ist seine faszinierende Präzision die in Bereichen von 1mm – 1μm unverzichtbar wurde.

Als Laserskalpell, Öffnung von verschlossenen Blutgefäßen, Netzhautanheftungen, oder Abtragungen an der Hornhaut des menschlichen Auges, ist der Laser speziell in der Augenheilkunde ein therapeutisches Werkzeug des Praxisalltags.

3.1 Hoch dosierte Lasertechnik und ihre Geschichte

Bevor der Laser aber im Praxisalltag als dienliches Werkzeug zum Einsatz kam bedurfte es vieler wissenschaftlicher Bemühungen.

Mit Albert Einstein´s Theorie zur stimulierten Emission wurde der Weg für die Verstärkung einer elektromagnetischen Welle gewiesen.

Aber erst Walter Rudolf Ladenburg (06.06.1882-03.04.1952) und Hans Kopfermann (26.04.1885-28.01.1963) gelang es 1933, eine Besetzungsinversion nach Einsteins Voraussagen zu beobachten, welche Grundvoraussetzung für eine Verstärkung durch stimulierte Emission ist.

Theodore Harold Maiman betrachtete die Zusammenhänge auch mit einer realen Verstärkung der optischen Welle und Konstruierte 1960 den ersten funktionsfähigen Rubinlaser.

Mitte der sechziger Jahre wurde das wissenschaftlich spannende Arbeitsgebiet der verstärkten stimulierten Photonenemission auch zu einem interessanten wirtschaftlichen Versuchsfeld doch bis zur Produktionsreife eines wirtschaftlich nutzbaren Laser´s musste noch viel Forschungsarbeit geleistet werden.

Entdeckungen bauen auf technischen und geistigen Vorstufen auf.

Auch der Laser hatte eine konstruktive Vorentwicklung; den sogenannten „Maser“ unsere heutige Mikrowelle, für dessen Entwicklung Charles Townes, Aleksandr Prokhorov und Nicolay Basov 1964 den Nobelpreis erhielten.

Um elektrische Oszillatoren bei Frequenzen von einigen Gigahertz zu entwickeln, nutzten sie zur Verstärkung zum ersten Mal die bekannte stimulierte Emission bei Molekülen aus.

Dies erfordert eine Besetzungsumkehr, d. h. es müssen sich mehr Moleküle bzw. Atome im angeregten Zustand als im Grundzustand befinden.

Forscher in mehreren Laboratorien versuchten dann, die Frequenz der Maser erheblich zu steigern.

Sehr verwegen war die Idee, das Maserprinzip bis ins Infrarote oder gar sichtbare Lichtspektrum zu übertragen.

Der Gedanke war deswegen revolutionär, weil für einen optischen Oszillator nach dem Maserprinzip, in den sechziger Jahren weder ein

geeigneter Resonator noch ein atomares oder molekulares Besetzungsniveau mit möglicher Besetzungsinversion bekannt war.

Am 16. Mai 1960 verkündete Maiman von den Hughes Research Laboratories aus den USA die Entdeckung seines „pink ruby“ (Rubinlaser).

Dieser Laser wurde in einem schwach mit Chrom dotiertem Saphir (Al_2O_3) erzeugt.

Maiman wurde für den Nobelpreis vorgeschlagen allerdings sah das Nobelpreiskomitee keine geeignete wissenschaftliche Positionierung und scherzte wohl

„ Der Laser sei eine Lösung, welche nach einem Problem suchte".

Und so war es vorerst auch – ein Patent fand kein Problem.

Oft setzen bei Neuentdeckungen erst hinterher Fantasie und Kreativität ein, welche die Bedeutung der Entdeckung ganz erfassen und zur Lösung anderer Probleme nutzen.

Künstlich geschaffene Lichtenergien hatten nunmehr nach der Entdeckung des Feuers und der Glühlampe eine neue Entwicklungsstufe erreicht.

Das Licht im Laser entsteht nicht aufgrund der hohen Temperatur oder offenbarte neuartige physikalische Eigenschaften; aber es ist räumlich und zeitlich sehr kohärent, was den Laser zu einem potenzierten Leistungsdichtenträger machen kann.

Damit ist der Laser eine der wichtigsten auf Licht basierenden Erfindung unseres Jahrhunderts.

Doch zunächst bestand über viele Jahre ein Schwerpunkt der Laserforschung darin, neue Systeme mit verschiedenen Anregungen und Wellenlängen zu entwickeln.

Aus heutiger Sicht gehören dabei zu den Highlights der He-Ne-Laser von Ali Javan Ende 1960, der Nd^{3+} -Glaslaser ein Festkörperlaser von Elias Snitzer im Jahre 1961 und der CO_2-Laser von Kumar Patel 1963.

Bei den Festkörperlasern hatte der Rubinlaser den Weg gewiesen, auf die seltenen Erden innerhalb der Übergangselemente zu setzen. Bei diesen lässt sich ein Laserübergang wählen, bei dem der obere Zustand metastabil ist und sich durch optische Anregung eine Besetzungsinversion erreichen lässt.

Königstein bei der Firma Bell Telephone in den USA berechnete viele Niveauschemata für unterschiedlich dotierte Kristalle und schlug vor, das System Nd^{3+} YAG (Yttrium-Aluminium-Granat) zu wählen.

Sein Kollege Joseph E. Geusic, der heute als Erfinder des Nd:YAG-Lasers gilt, verwarf dieses Material aber zunächst, als erste Messungen der Quanteneffizienz (des Verhältnisses von Fluoreszenz- zu Pump-Photonen) nur 0,2 ergaben.

Tatsächlich erkannte man erst nach einiger Zeit, dass der Quantenwirkungsgrad gar nicht entscheidend ist, da der obere metastabile Zustand in vielfältiger Weise strahlungslos relaxieren kann.

Dies reduziert zwar die Quanteneffizienz, hat aber für den Laserprozess keine Bedeutung.

Heute gehört der Nd:YAG-Laser mit seinen Verwandten zu den bedeutendsten Lasertypen.

Der große Vorteil der Kristalle gegenüber Glas als Wirtsmaterial ist die wesentlich größere Wärmeleitfähigkeit, die einen kontinuierlichen Betrieb des Festkörperlasers erst ermöglicht.

Kurz nach der Erfindung des Rubinlasers wurde Laseroszillation in Halbleitersystemen vorhergesagt und 1962 in drei Laboratorien (Lincoln Lab., IBM, General Electric) realisiert.

Ein Laser schwingt, wenn die Verstärkung des Lichtfeldes durch induzierte Emission stärke ist als die Verluste im Resonator.

Durchläuft eine Lichtwelle das Lasermedium, so ändert sich ihre Intensität I auf der Strecke dz um

$$dI = \alpha I dz \quad 3.1.1$$

Kumar Patel entwickelte 1963 bei den Bell Labs den ersten CO_2-Laser.

Dieses Foto von 1967 zeigt die glimmende Entladung, durch die Stickstoffgas Energie zugeführt wird.

Durch Stöße im Resonator übertragen die N_2-Moleküle Energie an das eigentliche Lasermedium CO_2.

Neben seiner Bedeutung für die Grundlagenforschung zeigte sich rasch das Anwendungspotenzial des Lasers, insbesondere in der Medizin [8] [9].

Schon 1966 wandten Christian Zweng und gleichzeitig Francis L'Esperance den Laser mit unverkennbarem Vorteil bei Netzhautablösungen an. Mittlerweile ist er aus der Ophthalmologie nicht mehr wegzudenken.

Kurz danach gelang es Wolfgang Eisert an der Medizinischen Hochschule Hannover mithilfe eines Rubinlasers, auf durchsichtigen Kapillaradern einer lebenden Ratte Mikroläsionen zu setzen und im Detail die Thrombusbildung zu untersuchen.

Gerade aus der Medizin kamen die Impulse zur Entwicklung eines Laserskalpell´s, den gerade der Laser macht es möglich bluttrockene Schnitte bei dementsprechender Koagulation des Gewebes zu gewährleisten.

In der Wissenschaft trug das Laserlicht dazu bei, gerade die Quantennatur des Lichts und seine Wechselwirkung mit Materie besser zu verstehen.

Erst der Laser ermöglicht die Erforschung neuartiger Zustände von Materie.

Atome lassen sich damit bis hin zur *Bose-Einstein-Kondensation* (siehe Glossar) abkühlen oder zu extrem heißen Plasmen aufheizen, wie es sie sonst nur im Inneren von Sternen gibt.

Die hohe Intensität des Lasers führte zu einem eigenständigen Teilgebiet der Optik, der Nichtlinearen Optik.

Hier treten elektrische Feldstärken auf, die zu denen vergleichbar sind, die Elektronen auf ihrer Bahn im Atom halten.

Dadurch lässt Licht sich heute ebenso problemlos in seiner Frequenz, Dynamik oder Intensität vervielfachen, wie es ein Nachrichtentechniker mit elektrischen Signalen seit dem 18ten Jahrhundert vermag.

Die Anwendungen in der Technik sind unüberschaubar, und sollen sich hier auf zwei Anwendungsgebiete beschränken.

Durch den Laser hat die Fertigungstechnik außergewöhnliche Impulse bekommen.

Metalle wie Aluminium, Magnesium und Titan lassen sich mit dem Laser sehr fein und genau schweißen.

Oberflächen können mit Nanostrukturen versehen werden und somit für Kleinstbauteile im nm *oder* μm Bereichen dienlich sein.

Aber gerade in der Medizintechnik, insbesondere eine augenärztliche Praxis ohne Laseranwendungen, ist seit Bekanntwerden dementsprechender therapeutischer Vorzüge dieses Werkzeuges, schwer vorstellbar.

Thermische Effekte an den verschiedensten Gewebearten des Auges sowie subthermische Effekte an Gefäßen und anderen Gewebsstrukturen sind heute Standard bei der Behandlung einer Vielzahl von Augenkrankheiten.

Von allen in der Medizin eingesetzten Lasertechnologien ist gerade für die Ophthalmologie der Laser von höchster therapeutischer Relevanz.

Allein die Augenheilkunde nutzt ein Potential von 50% aller in der Medizin zur Verfügung stehenden Laser.

3.1.1 Gaslaser

Laser werden nach dem technisch realisierten optisch aktiven Material kategorisiert und im Allgemeinen in Gas- oder Festkörperlaser unterschieden.

Beim Gaslaser ist das aktive Medium ein Gas oder Edelgas.

Die wichtigsten sollen hier im Folgenden noch einmal benannt werden:

- Helium-Neon-Laser (HeNe-Laser); wichtigste Emissionswellenlänge bei 632,8 nm (rot)

- Kohlendioxidlaser (CO_2-Laser); 10,6 µm Wellenlänge (mittleres Infrarot). Ein Kohlendioxidlaser, CO_2-Laser oder Kohlenstoffdioxidlaser bezeichnet eine Laserklasse unterschiedlicher Bauformen aus der Gruppe der Gas-, Molekül- und Infrarotlaser im mittleren Infrarot. Sein Lasermedium ist Kohlenstoffdioxid mit einem 4-Niveau-System. Man zählt ihn neben den Festkörperlasern zu den am häufigsten und leistungsstärksten industriell eingesetzten Lasern. Es können bei vorwiegend industriellem Einsatz Ausgangleistungen von bis zu 80 kW und Pulsenergien bis 100 kJ erreicht werden.

- Kohlenmonoxidlaser (CO-Laser); 6-8 µm Wellenlänge (mittleres Infrarot). Der CO-Laser arbeitet ähnlich wie der CO_2-Laser. Er hat einen höheren Wirkungsgrad als dieser, was jedoch eine aufwendigere Kühlung erforderlich macht.

- Stickstofflaser (N2-Laser); stärkste Linie bei 337,1 nm Wellenlänge (ultraviolett) Bemerkenswert am Stickstofflaser ist sein einfacher Aufbau.

- Argon-Ionen-Laser (Ar^+-Laser); hier besteht das Lasermedium aus dem ionisierten Edelgas Argon. Mit Argon-Ionenlasern lassen sich neben Kupferdampf-Lasern derzeit die höchsten Strahlungsleistungen direkt im sichtbaren Spektralbereich erzeugen. Argon besitzt bis zu zehn Laserlinien von 457,9 nm bis 514,5 nm Wellenlänge im blauen, grünen und gelbgrünen Bereich des optischen Spektrums.

- Helium-Cadmium-Laser (HeCd-Laser); der He Cd-Laser stellt die wichtigste Laserquelle für blau bei 442 nm Wellenlänge und nahes UV bei 325 nm Wellenlänge dar. Das Helium-Cadmium-Plasma emittiert jedoch viele weitere Linien, die oft störend sind und mittels einer Prismenkombination herausgefiltert werden.

- Krypton-Ionen-Laser; hier besteht das Lasermedium aus dem ionisierten Edelgas Krypton. Seine Einsatzgebiete findet dieser Gaslaser bei mehreren Wellenlängen zwischen 350,7nm bis 799,3 nm (tiefes rot).

3.1.2 Festkörperlaser

Mit dem Rubinlaser wurde 1960 der erste wirtschaftlich einsetzbare Laser entwickelt; seine wichtigste Emissionswellenlänge liegt bei 694,3 nm.

Bei den Festkörperlasern wird ein Trägerwerkstoff bzw. Wirtskristall mit Ionen eines fremden Stoffes dotiert. Diese Ionen bilden, eingebettet im Wirtsmaterial, das eigentliche aktive Medium. Die Laserübergänge der Ionen sind innerhalb des d-Orbitals. Diese Orbitale sind nicht an chemischen Bindungen beteiligt. Das Trägermaterial (Wirtskristall, Glas) nimmt daher nur geringen Einfluss auf die Eigenschaften der Ionen.

Festkörperlaser werden nach der Art und Form des Wirtsmaterials und den Dotierungselementen unterschieden:

Tabelle 3.1.2. Wirts- bzw. Trägermaterialien:

Glas	**Aluminiumoxid Al_2O_3**	**YAG Nd:YAG-Laser $Y_3Al_5O_{12}$**	**Yttrium-vanadat YVO_4**	**Yttrium-lithiumfluorid $YLiF_4$ (YLF)**
	Dotierung Cr Chrom	Dotierung Nd,Er,Yb Neodym, Erbium, Ytterbium	Dotierung Nd Neodym	Dotierung Nd,Ho,Er Neodym, Holmium, Erbium
Stab oder Faser	Korunt,Saphir	Nd^{3+}:YAG Yb^{3+}:YAG	$Nd^{3+}:YVO_4$	$Nd^{3+}:YLiF_4$
einfache Herstellung	aufwendige Herstellung	aufwendige Herstellung	aufwendige Herstellung	sehr aufwendige Herstellung
geringe Wärmeleit-fähigkeit	relativ hohe Absorption hohe Wärmeleit-fähigkeit	geringe Absorption hohe Wärmeleit-fähigkeit	hohe Wärmeleitfähigkeit	hohe Wärmeleitfähigkeit
geringe Festigkeit	hohe Festigkeit	hohe Festigkeit	hohe Festigkeit	hohe Festigkeit
Kostennote niedrig	Kostennote hoch	Kostennote hoch	Kostennote sehr hoch	Kostennote sehr hoch

Tabelle 4.1 Laser Wirts-und Trägermaterialien [10]

Bei der Dotierung werden etwa $10^{-3} - 10^{-1}$ der Atome durch Fremdionen ersetzt.

Demnach liegt die Dichte der laseraktiven Teilchen bei $10^{19}cm^{-3}$, was wesentlich größer ist als die Dichte im Gaslaser [11].

In der Gesamtheit bedeutet dies eine höhere Effizienz und Energiedichte des Festkörperlasers im Vergleich zum Gaslaser.

3.2 Wechselwirkungen von Laser und biologischer Materie

Bei der Wechselwirkung von Laserlicht und biologischer Materie treten in Abhängigkeit von Energie-bzw. Leistungsdichte, Wellenlänge und Leistungsdauer der Strahlung verschiedenste Prozessabläufe auf welche in Abb.11 nach Wechselwirkungsdauer und Intensität unterschieden werden.

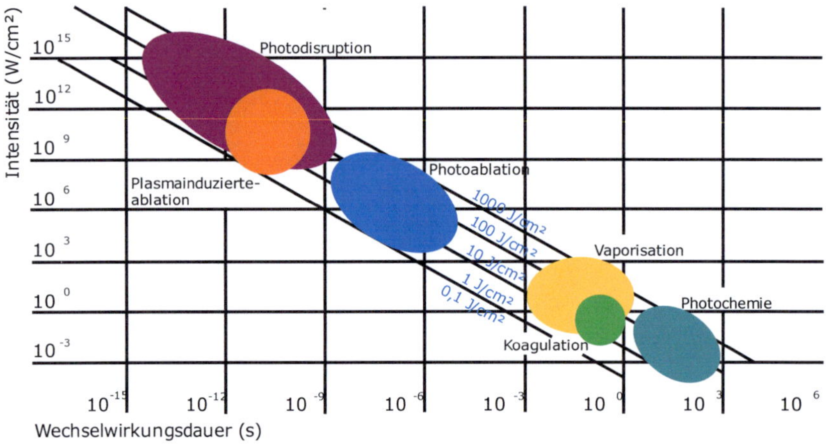

Abb.11 Laserklassifizierung nach Wechselwirkungszeit und Intensität

Auch ist bei der Wechselwirkung der Lasertypen und biologischer Materie die Beschaffenheit des biologischen Gewebes (Gewebeart, Pigmentierung, Durchblutung, Behaarung etc.) nicht zu vernachlässigen und muss klar differenziert werden.

Die bei der Wechselwirkung auftretenden Prozesse können grob Klassifiziert in sechs Kategorien unterteilt werden; Photodisruption, plasmainduzierte Ablation, Photoablation Vaporisation, Koagulation und in die Prozesse der Photochemie. Je nach Befund und Notwendigkeit kann Gewebe entweder durchtrennt, abgetragen, verdampft, oder angeregt werden. Die Wechselwirkungsdauer ist für die Unterteilung der einzelnen Klassifikationen ein spezifischer Parameter. Sie variiert von mehreren Minuten bei der photochemischen Wechselwirkung bis in den Femtosekundenbereich bei der plasmainduzierten Ablation.

3.2.1 Lasertherapien in klinischer Anwendung

Verschiedenste Lasertherapien kommen heute im klinischen oder niedergelassenen Praxisbetrieb je nach Wechselwirkungsdauer oder Wirkmechanismus zur Anwendung.

Nachfolgende Tabelle 3.1.1.1. führt die wichtigsten medizinischen Laser exemplarisch auf.

Tabelle 3.1.1.1.

Wechsel-wirkungs-prinzip	**Wechsel-wirkungs-dauer (s)**	**Anwendungs-typische Laser**	**Einsatz**
Photodisruption incl. plasma-induziert	ns, ps, fs	Nd:YAG, Nd:YLF Ti:Sa	Kapsulotomie Iridotomie Intrastromale Ablation Nachstarbehandlung (Ophthalmologie) Resektion von Tumoren (Neuro) Fragmentation von Gallen und Nierensteinen
Ablation -thermo mechanisch	µs-ms	Er:YAG, Ho:YAG Er:YSGG	Abtragung von Knochen und Weichteilgewebe (HNO) Angioplastie
-photoablativ	ns	Eximerlaser ArF,XeCl	refraktive Hornhautchirurgie
	ps	Nd:YAG, Nd:YLF	
Vaporisation (T>100°C)	ms-sec	CO_2 Laser	Resektion von Tumoren (Neuro,Gyn)
Koagulation (T>60°C)	ms	Nd:YAG Ar,Kr-Ionen	Hämostase, Koagulation von Tumoren (Neuro) Koagulation der Retina (Ophthalmologie)
Photochemisch	min-sec	Farbstoflaser Ti:SA	PDT von Tumoren Gewebsveränderungen

4.0 Lasertechnik in der Ophthalmologie

Die technische Bandbreite der nach Klassifikation zu nutzenden Laser wird in der Augenheilkunde nicht nur für die Behandlung genutzt. Auch in der Diagnose der Augenheilkunde bietet der Laser erhebliche Vorteile wenn konventionelle nichtkohärente Lichtquellen versagen. Laserlicht niedriger Leistung wird z. B. in der optischen Kohärenztomografie (OCT) zur Diagnose eingesetzt. In der Therapie kann mit höherer Leistung eine sich ablösende Netzhaut am Augenhintergrund verschweißt werden. Außerdem können Fehlsichtigkeiten durch Abtragung von Hornhautoberfläche korrigiert werden (z. B. LASIK-Operation, Femto Lasik).

Zur Therapieanwendung kommen; in Abhängigkeit von der Wechselwirkung mit Geweben wie in 4.2 beschrieben, die plasmainduzierte Ablation (z.B. Nd:YAG bei der Nachstarbehandlung), die Photoablation (z.B. in der Hornhautchirurgie), und die thermischen Wechselwirkungen (Vaporisation und Koagulation). Fachspezifisch wird überwiegend die koagulierende Wechselwirkung (z.B. Koagulation der Retina) angewendet. Vaporisierende Wechselwirkungen hingegen kommen vorwiegend in der Lidchirurgie zur Anwendung.

Welche Wechselwirkungsoption gewählt wird hängt in erster Linie von der Gesamtheit der Wechselwirkungsdauer (s) und sekundär von der Laserpulsdauer ab. (Vgl. Tabelle 3.1.1.1.)

Mit nachfolgender Tabelle 4.0.1. soll nun ein kurzer Überblick des historisch-klinischen Einsatzes der Laserarten erfolgen.

Tabelle 4.0.1.

Lasereinheit	System	Wellenlänge (stärkste Linien)	erster klinischer Einsatz
Rubinlaser	Festkörperlaser	694,3 nm	1963
Argonlaser	Gaslaser	488 nm (türkisblau) -514,5 nm (grün)	1968
Kryptonlaser	Gaslaser	647,1 nm (rot) 568,2 nm (gelb) 530,8 nm (grün)	1972
CO_2-Laser	Unterschiedliche Bauformen - Gaslaser - Moleküllaser Infrarotlaser	10,6 µm	1972
Farbstofflaser	Flureszensfarbstoff	Wellenlänge abstimmbar	1979
Nd:YAG Laser	Festkörperlaser	0,946 µm 1,046 µm 1,320 µm 1,444 µm	1980
Eximerlaser (ArF)	Gaslaser	193 nm	1983
Ho:YAG Laser	Festkörperlaser	2,06 µm	1990
Nd:YLF Laser	Festkörperlaser	1,053 µm	1991

4.1 High dose-Therapie und Laser in der Ophthalmologie

Die Therapieformen welche in der Augenheilkunde mit Lasern durchgeführt werden lassen sich schematisch in zwei Ebenen unterteilen; zum einen in den vorderen und zum anderen in den hinteren Augenabschnitt. Die Abbildungen 12.1 und 12.2 sollen dieses verdeutlichen.

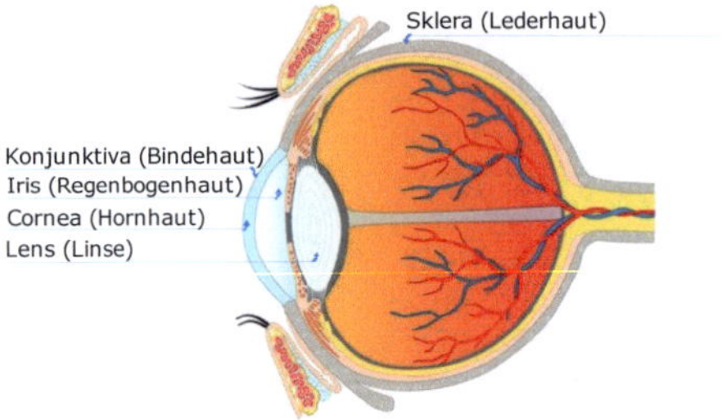

Abb. 12.1 vorderer Augenabschnitt

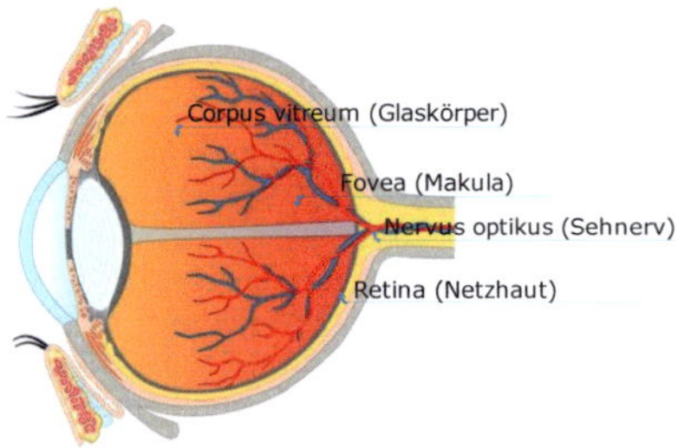

Abb. 12.2 hinterer Augenabschnitt

Die ersten Therapien durch Lichtkoagulation sind mit dem Namen Meyer-Schickerath eng verbunden.

Dieser praktizierte erstmals Ende der 40er Jahre mit fokussiertem Licht der Sonne. Es stellten sich allerdings ungünstige Operationsbedingungen ein welche Meyer-Schickerath dazu veranlasste seine Untersuchungen in den späten 50ern mit einer Xenonhochdrucklampe fortzusetzen. Damit erzielte er rein thermische Koagulationseffekte zur Behandlung verschiedenster Erkrankungen der Netzhaut leider war hier eine genaue Lokalisierung des Lichtstrahls noch nicht möglich und das Operationsfeld war gelinde gesagt alles nur nicht Fokussiert. Erst der Rubinlaser brachte 1963 die ersten brauchbaren Ergebnisse bei Operationen am menschlichen Auge.

Der Rubinlaser erwies sich als sehr geeignet um die Retina (Netzhaut) mit der darunterliegenden Chorioidea (Aderhaut) zu verschweißen; lediglich das stoppen diverser Blutungen stellte ein Problem dar; da ein Gefäßverschluss energiebedingt mit diesem Laser noch nicht realisiert werden konnte.

Mit der Entwicklung des Argon-Ionen-Lasers durch L'Esperance konnten hier 1968 erstmals auch Gefäße verschlossen werden

4.1.1 Argonlaser

Derzeit wird der Argonlaser mit Wellenlänge im grünen $\lambda = 514$ nm, blauen $\lambda = 488$ nm und im ultraviolettem $\lambda = 334$-364 nm Bereich des optischen Spektrums; für den medizinischen Bedarf konstruiert und dementsprechend nach Leistungsspektrum verwendet.

Und hier ist es gerade das Licht im blaugrünen Wellenlängenbereich welches stark im Hämoglobin des Blutes absorbiert wird und somit für eine ausreichende Verschlusskoagulation, bei Einwirkzeiten von 0,1-1 s und Leistungen von 0,1-1 W, der Gefäße sorgt.

Der Argonlaser steht Klinik und Wirtschaft heute als leistungsstärkster sichtbarer Laser zur Verfügung; allerdings wird dieser Vorteil um einen hohen Preis erkauft den einzig und allein die Energiebilanzen, also das Verhältnis zwischen Energieaufnahme und Energieabgabe entscheiden über seine Wirtschaftlichkeit.

Beim Argonlaser wird sehr viel Energie als Abwärme freigesetzt was auch eine ständige Kühlung des Systems bei hoher Energieabgabe des Lasers bedingt.

Die von technischem Standpunkt außerordentlich wichtige Konversionseffiziens kurz gesagt der Wirkungsgrad des Lasers ist sehr gering. Ausgangsleistungen von 10 W erfordern mit einer Energieaufnahme von 10 kW einen hohen Energieverbrauch.

Selbstverständlich überwiegen aber seine therapeutischen Vorteile und ein großer Vorteil des Lasers ist seine präzise Lokalisierung die gerade bei Koagulationen um die Makula (stelle des schärfsten Sehens) von höchster Priorität ist. Weitere Indikationen für eine Laseranwendung mit dem Argonlaser sind Netzhautlöcher, Netzhautablösungen, und Veränderungen des Augenhintergrundes bei diabetischer Retinopathie.

Auch aufgrund der vielseitigen Therapiemöglichkeiten wurde der Argonlaser zu einem wertvollem Standartlaser in der Ophthalmologie.

Aber nicht nur in der Augenheilkunde sondern auch bei der Behandlung von Hauterkrankungen besetzt er das wichtigste Lasertherapiefeld.

4.1.1.1 Argonlaser-Trabekuloplastik (ALT)

Ein augenheilkundliches Verfahren mittels eines Argonlasers ist die ALT.

Hinreichende Literatur jedoch; ist sich über den Nutzen dieser Operationsmethode nicht einig.

Zweck entsprechend wird hier der Leser zur Senkung des Augeninnendrucks verwendet.

Mit dem Laser wird ein sichtbares Loch erzeugt welches die Vorderkammer des Auges vertieft der Kammerwinkel weitet sich und es tritt eine Augeninnendrucksenkung ein.

Dieser nur zeitlich differenzierte Effekt ist was die medizinische Indikation angeht von nicht so hohem Nutzen; am Lasergebiet kommt es nämlich zu Vernarbungen die den Abfluss des Kammerwassers vielmehr noch verhindern – so dass dieses Verfahren nicht mehr oder nur noch selten Anwendung findet.

Mehrere Theorien wurden zur Erläuterung des Wirkungsmechanismus der Lasertrabekuloplastik entwickelt.

Darunter findet sich die oben genannte Theorie der verbesserten Abflussmöglichkeit infolge der Löscher mittels eines Argonlasers im Trabekelwerk.

Viele dieser Theorien finden wenig Unterstützung und sind angesichts eines Verfahrens das unvorhersehbare Ergebnisse liefert sehr umstritten.

4.1.2 Nd:YAG-Laser

Die erste Nd:YAG(Neodym-dotierter Yttrium-Aluminium-Granat)-Laseroperation wurde 1980 von Aron-Rosa als Nachstaroperation beschrieben[12]; seine industrielle Herstellungsreife hatte der ND:YAG-Laser aber schon Ende der 70ger Jahre nach seiner Entwicklung von Geusic.

Hierfür wurde ein Nd:YAG-Laser mit einer Pulsdauer von 30 ns verwendet [13]. Bei typischen Pulsenergien von 5 mJ und Focusgrößen von 50 µm erreicht man Leistungsdichten von $>10^{10}$ W/cm^2 [14] .

Diese Leistungsdichten sind erforderlich um den nötigen lokal-optischen Durchbruch zu erzeugen und die störende Nachstarmembran der hinteren Linse zu zerstören.

Ziellaser ist dabei ein HeNe-Laser mit welchem entweder auf die vordere oder hintere Linsenkapsel fokussiert wird.

Des emittierte Licht des ND:YAG-Lasers (Wellenlänge 1053 nm) wechselwirkt stark mit dunklen und pigmentierten Geweben; Eindringtiefe und Streuung sind damit abhängig vom zu behandelnden Gewebe.

Die emittierte Photonenenergie liegt bei sehr niedrigen 1,16 eV [15] was dem Erhalt molekularer Bindungen und Strukturen im menschlichen Gewebe dient.

4.1.2.1 Selektive Laser-Trabekuloplastik (SLT)

Für die SLT wird ein Q-swiched frequency-doubled 532nm Nd:YAG Laser als gepulster Laser verwendet. (bei ALT Argonlaser mit kontinuierlicher Wellenlänge von 514 nm) Basierend auf dem Konzept der selektiven Photothermolyse – ein Prozess der Photochemie (bei ALT dagegen Photokoagulation) werden selektiv Pigmentzellen im Trabekelmaschenwerk des Auges (Vorderkammer) zerstört; was auch den Augeninnendruck verändert und zu einer Senkung des Druckes führt.

Hier haben hinreichende Studien über Sinn und Indikation berichtet.

Alle diese Studien berichtet über eine klare Senkung des Augeninnendrucks bei dementsprechender Behandlung.

Ganz anders als bei der ALT bleibt bei der SLT das umliegende Gewebe zerstörungsfrei da die Pulslange des Lasers zu kurz ist um Wärme an das Gewebe weiterzuleiten.

Durch den verringerten Intraokulardruck wird die Durchlässigkeit des Schlemmschen Kanals verbessert.

Und das Kammerwasser kann wieder besser abfließen was den Augeninnendruck deutlich minimieren kann.

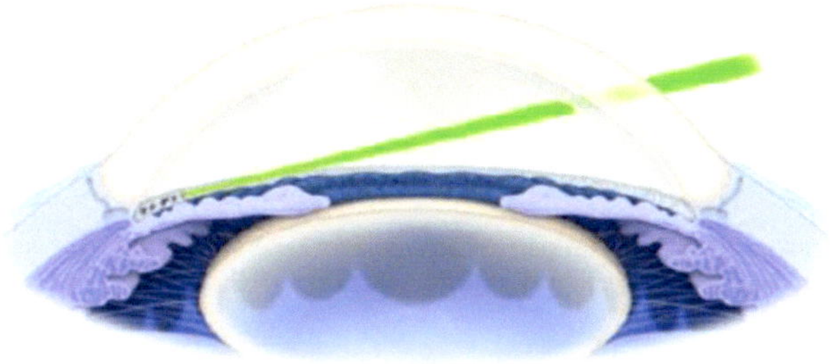

Abb.13: Laserherde der SLT

In Abgrenzung zur ALT kann die Behandlung der SLT beliebig oft wiederholt werden da durch die selektive Photothermolyse keine bleibenden Schäden im Trabekelwerk zurückbleiben.

4.1.3 CO_2-Laser

Der 1964 von Patel entwickelte Kohlendioxidlaser wurde erstmals Anfang der 70-iger Jahre medizinisch genutzt.

Abb.14: CO_2-Laser

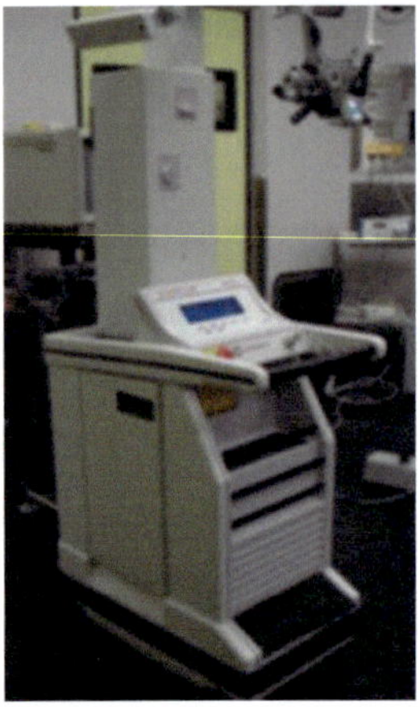

CO_2-Lasersysteme gehören zu den am häufigsten eingesetzten Lasern in der Hals-Nasen-Ohrenheilkunde und der Plastischen Kopf- und Halschirurgie.

Der Grund hierfür liegt in seinen unerschöpflichen Anwendungsmöglichkeiten die nicht nur in der Medizin sondern auch in der Industrie zu finden sind.

Unabhängig vom Systemaufbau des CO_2-Lasers ist er eine Laserform die ohne Kontakt mit dem Zielgewebe benutz werden kann.

Ist der Laser erst einmal fokussiert kann er als chirurgisches Skalpell eingesetzt werden.

In der nicht fokussierten Arbeitsweise trägt der CO_2-Laser durch Verdampfen oberflächliche Zellstrukturen ab (Ablation) und kann Blutgefäße verschweißen. Auch bei Kollagenschichten deren Strukturprotein altersbedingt teilweise erschlafft ist hilft der CO_2-Laser in der Tiefe des Gewebes indem er die Kollagen-Tripelhelix wieder aufrichtet.

Gerade in operativen Bereichen wie zum Beispiel der Lidchirurgie findet er in erster Linie für die Durchtrennung der Hautschichten beim freilegen des Operationsfeldes seine Anwendung. Aber auch für die Photokoagulation der Retina ist der CO_2-Laser ein ideales Arbeitsgerät.

Der CO_2-Laser arbeitet bei einer Wellenlänge von 10,6 µm und gliedert sich damit tief in den infraroten Bereich des elektromagnetischen Spektrums.

Auch diese Laserstrahlung ist wie der Nd:YAG-Laser für das menschliche Auge nicht sichtbar weshalb auch der CO_2-Laser einen Ziellaser benötigt. Dieser Helium-Neon-Ziellaser wird im eigentlichen Laser koaxial geführt und kommt vor dem eigentlichen Arbeitslaser als Ziellaser zum Einsatz.

4.1.4 Excimer-Laser

Der publizierte Eigenname „Excimerlaser“ dient als weitläufiger Kunstbegriff für alle technisch möglichen UV-Moleküllaser.

Als aktives Medium werden *Excimere* (zweiatomig stabile Wasserstoff-, Stickstoff-, Flur-, oder Brommoleküle), vor allem aber Edelgashalogenide verwendet.

Es ist notwendig zweiatomig gebundene Moleküle zu verwenden denn nur durch sie kann das Excimer gebildet werden. Excimere sind hier Moleküle die keinen stabilen Grundzustand mehr besitzen.

Verliert das zweiatomig stabile Molekül Energie, trennen sich die Bindungspartner und kehren in den Grundzustand zurück. Im Grundzustand haben die vormaligen Bindungspartner eine abstoßende Wirkung aufeinander.

Definitionsgemäß bestehen die Atome eines Excimer-Moleküls aus zwei oder mehreren Atomen des gleichen chemischen Elements. Handelt es sich um Atome verschiedener Elemente, spricht man von einem Exciplex. In der Literatur wird diesem Umstand jedoch selten Rechnung getragen und somit werden Exciplexe häufig fälschlich als Excimere bezeichnet.

Als Gaslaser arbeiten diese Laser ausschließlich im ultravioletten Wellenlängenbereich des elektromagnetischen Spektrums.

Zu den bekanntesten Eximerlasern gehören der Kryptonfluorid (KrF), der Argonfluorid (ArF), der Xenon (Xe_2) und seine gemischtmolekularen Laser.

In Abhängigkeit vom dementsprechend verwendeten Gasmolekül entwickelt der Eximerlaser konkret Emmisionswellenlängen die in Tabelle 5.1.4.1 explizit aufgeführt werden.

Seinen medizinischen Einsatz findet der Excimer-Laser vor allem bei der Gewebeabtragung (Photoablation) und der Gewebedurchtrennung (Photodisruption).

Zum Schneiden von menschlichem Gewebe wird in der Regel pulsierende Laserstrahlung (Frequenzen zwischen 100 und 200 Hz) eingesetzt, die dazu führt, dass umgebendes Gewebe nicht erwärmt wird und einen Wundheilungsprozess ohne größere Schmerzen ermöglicht.

Bei jedem Puls des Lasers werden bis zu 2 µm Gewebe abgetragen. Eine Besonderheit des Excimer-Lasers ist sein sehr kleiner Fokusdurchmesser der gerade bei Präzisionsschnitten von hohem Wert ist. Diese Präzision und die geringe Wärmebelastung des menschlichen Gewebes macht den Excimer –Laser zu einem unverzichtbaren Werkzeug in der Ophthalmologie.

Dabei verdrängt er zunehmend die sogenannten „Heißschnittmethoden“ unter Einsatz von Argon-, Nd:YAG- und CO_2-Lasern, die zwar höhere Eindringtiefen in menschliches Gewebe zulassen aber eine sehr starke energetische Belastung für das menschliche Gewebe aufweisen

Tabelle 4.1.4.1 Emissionswellenlängen typischer UV-Moleküllaser [16]

Verwendetes Gasmolekül	Wellenlänge in nm
CO (Kohlenstoffmonoxid)	181-197
Kr_2 (Krypton)	146
KrF (Kryptonfluorid)	248
KrCl (Kryptonchlorid)	222
Ar_2 (Argon)	126
ArF (Argonfluorid)	193
ArCl (Argonchlorid)	175
Xe_2 (Xenon)	172
F_2 (Fluor)	157
H_2 (Wasserstoff) I	116
H_2 (Wasserstoff) II	123
Br_2 (Brom)	291
XeBr (Xenonbromid)	282
N_2 (Stickstoff)	337
XeCl (Xenonchlorid)	308
XeF (Xenonfluorid)	351-353

4.2 Low Dose-Diagnose mittels Laser in der Ophthalmologie

In der augenheilkundlichen Praxis ist die Erstellung von Diagnosen nicht mehr nur auf klassisch optische Methoden einer Spaltlampe oder einer Funduskamera reduziert. Auch hier ist der Laser mit diagnostischen Laseranwendungen nicht mehr aus dem Praxisbetrieb zu verdrängen.

Die augendiagnostischen Laserbaugruppen eines *GDX*-, *HRT*-Laser-Scann-Tomographie, *RTA*-Netzhautdickenmessung z.B. mit einem He-Ne-Laser, 543,3 nm, Klasse II Lasergerät, *IOL*-Master, oder eines *OCT*- Optische Kohärenztomographie; der Laserscanning-ophtalmoskopie nutzen die monochromatisch kohärenten Eigenschaften des Laserlichts in einem sehr niedrigen Energiebereich bei etwa 10 µW.

Nach dem Einsatzgebiet mit entsprechender Konstruktion basiert die Verfahrensweise immer auf ein Abtastverfahren der Hornhaut, Linse, oder Netzhaut des menschlichen Auges; welche sogleich mit einem Videosignal bilderzeugend dargestellt werden.

Hierbei werden Reflektions-, Polarisations- oder Interferenzphänomene des Lichts zur bildlichen Darstellung der einzelnen Anatomien genutzt.

Ganz speziell möchte ich hier, wegen seiner Bedeutung in der Ophthalmologie, auf die optische Kohärenztomographie (OCT) eingehen. Dieses drei-dimensional bildgebende Untersuchungsverfahren bei dem Laserlicht geringer Kohärenzlänge mit Hilfe eines Interferometers zur Entfernungsmessung eingesetzt wird ist ein in der Glaukomdiagnostik hochtechnologisiertes unverzichtbares Instrument geworden. Es ermöglicht eine komplette strukturanalytische Diagnostik des gesamten Augenhintergrundes und ist damit für die Früherkennung von glaukomatösen Erkrankungen unverzichtbar.

Die auf optische Reflexion basierende berührungslose Messung stellt dementsprechend mikroskopische Bilder vom gewünschten Ausschnitt des zu untersuchenden Gewebes dar.

Durch eine hohe Selektivität des Wirkprinzips können sehr kleine Lichtimpulse bei geringen Eingangsleistungen (< Nanowatt) detektiert und einer bestimmten Tiefe zugeordnet werden. Damit eignet sich dieses Verfahren auch gut, um lichtempfindliche Gewebe zu untersuchen.

Der Einsatz von OCT wird durch die wellenlängenabhängige Eindringtiefe (1-3 mm) elektromagnetischer Strahlung in das Untersuchungsobjekt sowie durch die bandbreitenabhängige Auflösung beschränkt.

Hochentwickelte Breitband-Laser ermöglichen seit 1996 die Entwicklung der UHR-OCT (UltraHigh Resolution OCT), die die Tiefenauflösung von mehreren Mikrometern bis zu Bruchteilen von Mikrometern vorangetrieben hat. Tiefe Subzelluläre Strukturen des menschlichen Gewebes können auf diese Weise dargestellt werden [17].

5.0 Photonen und ihre biologische Wirkung

Das Licht biologische Prozesse aktiviert und Stoffwechselprozesse anregt ist gerade mit der pflanzlichen Photosynthese hinreichend beschrieben und bekannt.

Das Licht aber gerade auch eine spezifische Wirkung auf die Fauna insbesondere uns Menschen hat ist eine; gerade in den dunklen Monaten spürbare Erkenntnis. Denn gerade Lichtmangel wird als ermüdend und unangenehm empfunden dies wird umso deutlicher je länger der Lichtmangel anhält.

Das erste Sonnenbad im Frühjahr hingegen macht uns glücklich und gibt uns Kraft – wir fühlen uns Energiegeladener.

Diese subjektive Betrachtung hat einen objektiven Hintergrund.

Viele Postillen welche sich mit dem Thema der biologischen Lichtwirkung beschäftigen untermauern die wissenschaftliche Erkenntnis das Licht eine biostimulative Wirkung hat. Licht mit seinen natürlichen Wirkmechanismen stimuliert unseren Organismus in Abhängigkeit differenzierter Wellenlängen des Spektrums.

So ist es nicht neu das zu viel Lichteinwirkung, und hier ist es gerade der UV-Bereich des elektromagnetischen Feldes, schädliche Wirkungen nach sich ziehen kann – auch wenn es nur ein Sonnenbrand auf der Haut ist.

Die Fragestellung wie Licht auf unseren Organismus wirkt ist nicht neu denn bereits wenige Jahre nach der Erfindung des Lasers gab es auch schon erste medizinische Anwendungen und Versuche.

Endre Mester (1903-1984) ein Pionier der Lasermedizin hatte bereits im Jahre 1963 an der Semmelweis Universität in Budapest den Einfluss von niedriger Laserstrahlung (Low Level Laserlicht – LLLT) auf Gewebe insbesondere auf eine mögliche karzinogene Wirkung der Laserstrahlung untersucht.

Eine Zellausartung wurde nachweislich nicht bestätigt allerdings konnte bei mit Laserlicht bestrahlten Arealen eine deutlich verbesserte Wundheilung beobachtet werden.

Sehr viele, in der Fachliteratur dokumentierte Fälle, beschreiben dementsprechende Veränderungen des biologischen Gewebes bei Lichtanwendungen (Mangel oder Überschuss).

Eine exakt biologisch aufgearbeitete Beschreibung zur Bedeutung des Welle-Teilchen Dualismus des sichtbaren elektromagnetischen Spektrums insbesondere die Wechselwirkung zwischen Licht und zellulärer Energieproduktion wurde 1984 von Fritz A. Propp beschrieben und bis heute weiter wissenschaftlich dokumentiert [18].

Die seit vielen Jahren geltende Lehrmeinung zur stofflichen Beschaffenheit und den chemischen Vorgängen in der Zelle sowie der in ihr wirkenden Energie beschränken sich konsequent auf eine Masseenergiehypothese bei welcher massebehaftete Punktladungen (Elektronen) zwischen denen biologischen Moleküle wechselwirken.

Nach Bruce Alberts [19] fließen diese Energien (Elektronen) aus einem Molekül heraus und werden von einem anderen Molekül wieder aufgefangen usw.

Elektromagnetisch-feinstofflich ausgeprägte Wechselwirkungen und deren Möglichkeiten eines biophysikalischen Feldes zur Koordinierung von Zellinteraktionen bzw. deren Energieübertragung wie sie von Rupert Sheldrake [20] und seiner Hypothese des morphogenetischen Feldes diskutierte werden, sind nach Alberts nicht existent.

Ein ständiger Schlagabtausch zweier verschiedenster Ansätze und Denkmuster zum einen ein vitaler zum andern ein mechanischer Ansatz erinnern auch heute noch an die ersten Überlegungen Christiaan Huygens und Isaac Newtons die in Ihrer Prägung auch sehr kontrovers geführt wurden.

Auch heute prallen zwei Schulen der Biophotonenforschung (Vitalisten und Mechanisten) aufeinander.

Gezielt durchgeführte Experimente beweisen sowohl die mechanistischen- als auch die vitalistischen Modelle.

Alexander Gawrilowitsch Gurwitsch forschte in den 1930-igern und machte es zu seiner Lebensaufgabe den biologischen Formbildungsprozeß (Morphogenese) aufzuklären.

Durch seine Experimente konnte eine gezielte Wachstumsstimulation durch UV Strahlung nachgewiesen werden.

Aber nicht nur natürliches sondern auch künstlich erzeugtes UV-Licht im Bereich von 190 nm - 350 nm und einer Intensität von 10-1000 Photonen pro Quadratzentimeter und Sekunde rief diesen stimulierten Wachstumseffekt bei Zellen hervor.

Auch ganz im Gegensatz zu bekannten chemischen Erklärungsmodellen der Mechanisten steht der nachgewiesene Photoneneffekt von Fritz Albert Popp.

Im menschlichen Körper sterben pro Sekunde 10 Milliarden Zellen, diese werden aber auch wieder durch bekannte Kopiervorgänge der DNA-RNA regeneriert. Bei einem Zellverlust von 10 Milliarden Zellen pro Sekunde muss jede Zelle innerhalt einer millionstel Sekunde informiert werden.

Diese Informationszyklen lassen sich praktisch nur mit Lichtgeschwindigkeit erreichen.

Ein chemischer Botenstoff, wie dementsprechend mechanistisch denkende Postulate berichten ; kann diese Geschwindigkeiten wohl nie erreichen.

Es liegt daher nahe das nur eine elektromagnetische Wechselwirkung im Stande ist den zügigen Informationsaustausch im Organismus zu realisieren und dementsprechend benötigte Informationen zu übertragen.

Ist die Sprache der Zellen „Photonisch“ diese Frage haben S.Stschurin,V.P.Kaznacheev und L.Michailowa in mehr als 5000 Experimenten gestellt und bewiesen das Zellen nicht nur biologische Informationsträger sind sondern auch aufgrund ihrer ultraschwachen Zellstrahlung biophysikalisch Informationen austauschen können.

Lebende Zellen geben mit Photonen; im speziellen durch Licht im ultravioletten Bereich biophysikalische Informationen weiter.

Simon Stschurin schrieb über die Möglichkeiten dieses Phänomens aus dem russischen übersetzt:

„Die von verschiedenen Krankheiten befallenen Zellen haben einen unterschiedlichen Strahlungscharakter.

Meine Gruppe ist überzeugt, dass die Photonen die Fähigkeit besitzen uns als erste über den Beginn einer Krankheit zu unterrichten und einen Virus zu verraten."

Diese Experimente die auch als „Die Kaznachevev Experimente" in Russland bekannt wurden bewiesen schlüssig das alle zellulären Vorgänge elektromagnetischen Informationsaustausch betreiben und induzierte Strahlung in dementsprechenden Zielzellen absorbieren.

5.1 Elektromagnetische Energiefelder

Elektromagnetische Energiefelder umfassen alle Frequenzen (Siehe Tabelle 5.1.1) von der kosmischen Höhenstrahlung beginnen bei 1fm Wellenlänge bis zu sehr langwelligen Frequenzen von 1000 km Wellenlänge diese sollten streng betrachtet als Licht Interpretiert werden.

Der größte Teil des elektromagnetischen Strahlungsbandes wird von der Erdatmosphäre absorbiert und erreicht das Leben auf der Erde nur in abgeschwächter Form oder gar nicht. Energiereiche ionisierende Strahlung schädigt in jeder Form (Kosmische Höhenstrahlung; α, β, γ-Strahlung) das biologische Erbgut und wirkt in hohen Dosierungen tödlich.

Derartige Strahlung ist durch ihre Kurzwelligkeit so energetisiert das Atome und Moleküle beim auftreffen ionisiert werden. Durch diese Ionisierung bilden sich sehr aggressive Radikale die die Funktionen in der Zelle beeinträchtigen und zu dessen absterben führen. Nichtionisierend Strahlung und damit ist die restliche Strahlung des elektromagnetischen Spektrums gemeint reicht von langwelliger Röntgenstrahlung bis zu ganz langwelligen niederfrequenten Strahlungen der VLF (Very Low Frequency), ELF (Extra Low Frequency, und ULF (Ultra Low Frequency) Frequenzbereichen des menschlichen Gehirns.

Nur im Bereich der atmosphärischen Fenster durchdringt elektromagnetische Strahlung die Erdatmosphäre.

Ultraviolettes, sichtbares und infrarotes Licht sowie hochfrequente Strahlung im Kurz- und Ultrakurzwellenbereich dringen durch die Atmosphäre und durchdringen auch unseren Organismus.

Das Wellenspektrum der nicht sichtbare UV-Strahlung setzt sich aus drei verschiedenen Spektralbereichen zusammen (UV-A, -B, -C).

Durch den Filterungseffekt der Ozonschicht in der oberen Erdatmosphäre wird das biologische Molekularstrukturen schädigende UV-C gänzlich absorbiert. Nur UV-A Strahlung und ein geringer Anteil des UV-B Strahlung gelangen auf die Erdoberfläche so dass kleinere Wellenlängen unter 300 nm auf der Erdoberfläche nicht existent sind.

Tabelle 5.1.1 Frequenzen des Lichtes- Elektromagnetische Wellen

Wellenlänge	Strahlung			Anwendung
1 fm = 10^{-15} m				
10 fm = 10^{-14} m				
100 fm = 10^{-13} m	Kosmische-	höhen-	Strahlung	
1 pm = 10^{-12} m				
10 pm = 10^{-11} m				
100 pm = 10^{-10} m	Radioaktive	(γ-Strahlung)	Strahlung	Atomkraft
1 nm = 10^{-9} m				
10 nm = 10^{-8} m				
100 nm = 10^{-7} m	Röntgenstrahlung			Röntgen
100-290 nm	UV-C			
290-320 nm	UV-B	Ultraviolette (UV)	Strahlung	Eximerlaser
320-380 nm	UV-A			
380 nm	ultraviolette	Übergangs-	Strahlung	
380-440 nm	violett			
440-492 nm	blau			LED Schmerzthe-rapie
492-571 nm	grün	sichtbares Licht		
571-586 nm	gelb			
586-610 nm	orange			
610-780 nm	rot			
780 nm	infrarote	Übergangs-	Strahlung	
1 µm = 10^{-6} m , 760-1400 nm	IR-A			IR-Sauna
10 µm = 10^{-3} m , 1400-3000 nm	IR-B	Infrarote	Strahlung	
100 µm = 10^{-4} m , 3000-10000 nm	IR-C			
				Mikrowelle
1 mm = 10^{-3} m	Hoch-	frequenz-	Strahlung	
10 mm = 10^{-2} m				Funk/Radar
100mm = 10^{-1} m				
1 m = 10^{0} m	Ultrahoch-	frequenz-	Strahlung	
10 m = 10^{1} m				Mittelwelle (MW)
100 m = 10^{2} m				Langwelle (LW)
1 km = 10^{3} m	Elektroakustik			Musik
10 km = 10^{4} m				
100 km = 10^{5} m				Radionavigation
				VLF,ELF,ULF
1000 km = 10^{6} m	Technische	Wechselströme		Stromtransport

5.1.1 Ultraviolettes Licht

Allerdings sollte die Wirkungsweise des UV-Lichtes auf keinen Fall unterschätzt werden. UV-Licht bräunt unsere Haut die wiederum durch ihre Pigmentierung einen Schutz gegen überschüssiges UV-B aufbauen und diese Strahlung absorbieren kann. Nur wenn unser Haut langsam an das Sonnenlicht über das Jahr gewöhnt wird kann dieser Schutz auch aufgebaut werden.

Schnelle und unüberlegte UV Aufnahme führt unweigerlich zu einem hautschädigenden Sonnenbrand. Diese Hautschädigungen werden durch eine Schädigung der DNS provoziert. Aber nicht nur ein Sonnenbrand sondern auch eine gestiegene Entzündung-und Allergiebereitschaft durch eine erhöhte *Histamin*

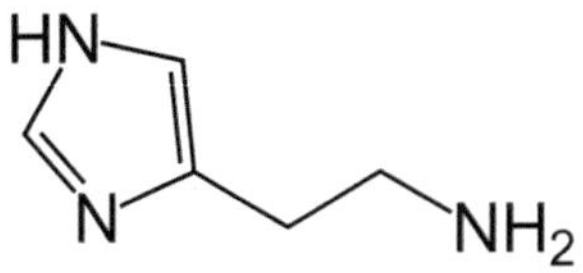

Abb. 15: Strukturformel Histamin

($C_5H_9N_3$) Ausschüttung des biologischen Organismus können die Folge einer Überdosierung von UV Strahlung sein.

Mit der Pigmentierung der Haut entsteht auch das lebenswichtige Hormon *Calciferol* (Vitamin D) welches nur durch die Einwirkung des UV-A Frequenzbereiches (320-380 nm) gebildet werden kann.

Ja nach Frequenz und Dosierung des UV-Lichtes kann dieses belebende oder zerstörende Wirkung haben. Trotz hinreichender Verträglichkeitsanalysen sollte dennoch gesunder Umgang mit UV-Strahlung individuell eingeschätzt werden.

Der biologische Organismus ist bei seiner Vitamin D Produktion im Allgemeinen auf einen Aufenthalt im Freien in Abhängigkeit der Sonneneinstrahlung abhängig. Da eine Vitamin D Anreicherung in Lebensmitteln zum Gebrauch im Organismus zu vernachlässigen ist bleibt auf natürlichem Wege nur die Exposition des Sonnenlichts. Künstliche Strahlungsmittel wie zum Beispiel das Solarium können die fehlenden Sonnenexpositionen des Winterhalbjahres auf der Nordhalbkugel ausgleichen.

Nachweislich hat die Vermeidung von Sonnenlichtstrahlungen zu einem weltweit verbreiteten akuten Vitamin D Mangel geführt.

Nicht nur für die Knochengesundheit spielt Vitamin D eine wichtige Rolle. Auch bei der Risikoreduktion vieler chronischer Krankheiten einschließlich der Krebserkrankungen, Autoimmunerkrankungen, Diabetes mellitus Typ I und II sowie der Herz-Kreislauf-Erkrankungen stellt eine ausreichende Vitamin D Produktion einen Garant für Vitalität und Gesundheit.

5.2 Lichtenergie und Körperenergie

Die unklare Vorstellung, über Energie im allgemeinen und dem Energiebegriff mit Blick auf den zellularen Organismus, bleibt wohl einer nicht mehr zeitgemäßen, durch Schulmeinung geprägten Denkweisen geschuldet.

Energiebetrachtungen außerhalb unserer zellular-molekularen Struktur sind etwas ganz normales und können mit jedem neuen Solarkraftwerk eindeutig ingenieurwissenschaftlich nachvollzogen werden.

Jene Energieumwandlungsmechanismen die eine künstlich produzierte Solarzelle vermag, sind nach Alexander Gawrilowitsch Gurwitsch (1874-1954) auch seit langem für die Körperzelle bekannt.

Im Jahr 1923 entdeckte Gurwitsch bei der Untersuchung der Zellteilung von Zwiebelzellen eine Photonenemission im Spektralbereich um 260 nm. Gurwitsch vermutete, dass diese Strahlung die Mitose von Zellen stimulieren könne und nannte die Strahlung daher *mitogenetische Strahlung* (siehe Glossar).

Ihre ursächlich grundlegende Energieform ist nach physikalischer Betrachtung die elektromagnetische Energie.

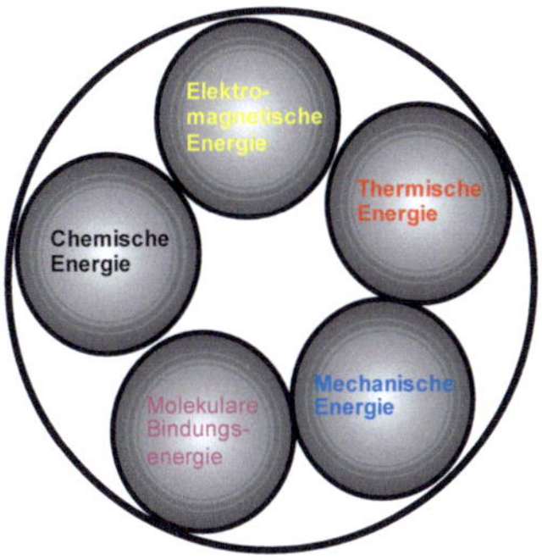

Abb. 15: Energieformenkreis

Energie der allgemeinen Relativitätstheorie ist gleich der Masse eines Teilchens multipliziert mit der Lichtgeschwindigkeit zum Quadrat.

Für die Masse eines Teilchens bedeutet das diese, und hierunter sind auch jegliche Biomassen zu verstehen, gleich der Energie geteilt durch die Lichtgeschwindigkeit zum Quadrat ist.

Im Umkehrschluss ist Biomasse in ihrer reinsten Form elektromagnetische Energie.

An dieser Stelle möchte ich noch einmal an die Energiebilanzen unter 1.0.2 verweisen mit welcher nachgewiesen werden konnte dass die Energie (hier eines Photons) in Abhängigkeit von der Wellenlänge λ zu suchen ist. Selbiges kann auch über die Plancksche Energiebetrachtung abgeleitet werden. Nach Max Planck ist die Energiemenge E gemessen in Joule J gleich dem planckschen Wirkungsquantum h multipliziert mit der Lichtgeschwindigkeit c geteilt durch die Wellenlänge λ.

Unter der Annahme die Analogie zwischen Licht und Elektronen wäre vollkommen so müssten Frequenz und Energie auch beim Elektron nach der Einstein-Planck-Gleichung ($E = h \cdot \vartheta$) zusammenhängen.

Nimmt man weiter an das die Materiewelle sich mit Lichtgeschwindigkeit ausbreitet dann wäre die Wellenlänge λ

$\lambda = \frac{c}{\vartheta} = (c * h)/E$. 5.2.1

Elektromagnetische Energie der gesamten Materie; auch der Biomaterie, kann mit spezifischer Wellenlänge und Frequenz der beobachteten Ereignisses beschrieben werden.

Im Umkehrschluss lässt sich jegliche messbare Energie auf ihre jeweils gültige Wellenlange zurückführen.

Der Energieinput, aus unseren diversen Energieträgern (Nahrung) ist stehst messbar und kann in Kalorien bzw. Joule physikalisch portioniert werden, demzufolge muss auch unsere Körperenergie, welche wir ebenfalls messen können (z.B. wie viel Kalorien bzw. Joule wir bei dieser oder jener Körpertätigkeit verbrauchen) letztendlich in ihrer reinsten Form elektromagnetischer Natur sein.

Somit kann auch Körperenergie in ihren spezifischen Wellenlängen und Frequenzen beschreiben werden.

Die für unsere zellulare Energiegewinnung entscheidenden Energien und ihre jeweiligen Energieübertragungsprozesse sind mit ihrer dementsprechenden Wellenlängen und Frequenzen physikalisch korrekt und eindeutig darstellbar. Sie werden dadurch für uns auch konkret vorstellbar [21].

6.0 Licht und seine medizinische Indikation

Der menschliche Organismus nimmt nicht nur über die Haut notwendige lebenswichtige Photonen auf; sondern und gerade ist es das Auge welche Wahrnehmungen verschiedenster Lichtimpulse und dessen heilungsrelevant wirkende Energiebeträge aufnimmt.

Insofern dient gerade auch das menschliche Auge als Überträger, und Katalysator dementsprechender Energiebilanzen des elektromagnetischen Spektrums.

Während Tiere und Pflanzen allerdings instinktiv wissen wie sie mit Licht und dessen Energiebilanzen umzugehen haben gilt dieses wohl für den Menschen in gleicher Weise nicht.

Gerede die zweite Hälfte des 20. Jahrhunderts zeigt deutlich dass die meisten herausragenden wissenschaftlichen Erkenntnisse der Lichttherapie völlig in Vergessenheit gerieten und in medizinischer Ausbildung gänzlich eliminiert wurden.

Teilweise falsch interpretierte Forschungsergebnisse sorgten für ein bereites Maß an falscher Information in der Öffentlichkeit.

Da es sich bei den Lichtwirkungen oft um sekundäre Vorgänge handelt an denen auch die Psyche beteiligt ist, waren direkte Forschungsergebnisse schwierig.

Was hier noch bleibt sind epidemiologische Statistiken welche natürlich von Gegnern der angewandten Lichttherapien leicht angreifbar waren.

Merklich nimmt das Interesse für Licht und seine quantenspezifischen Wirkmechanismen erst wieder gegen Anfang des 21. Jahrhunderts zu.

Eine entscheidend aufhellende Rolle erfüllt hier das Institut für Photonische Technologien e.V. Jena unter Leitung von Jürgen Popp.

Heute kann es wissenschaftlich als gesichert gelten das es dem Organismus nicht nur möglich ist Licht zu absorbieren, er ist auch zur Desorption durch spezielle Zellvorgänge dementsprechender Biophotonen in der Lage.

Diese Erkenntnisse sind intuitiv nicht neu gewesen vielmehr fanden sie durch Gurwitsch und Popp nunmehr ihre wissenschaftliche Reputation.

Seit der Antike werden Verletzungen aber auch Stoffwechselerkrankungen wie Gicht oder Adipositas erfolgreich mit Sonnenlicht behandelt.

Nachweislich lassen sich eine Vielzahl von Erkrankungen; welche durch den Mangel an Licht entstanden ebenso mit einer spezifizierten Photonentherapie behandeln.

Nach Malten [22] besteht die sekundäre Lichtwirkung in einer Senkung des Blutzuckerspiegels (Diabetes), einer Begünstigung der Fettverbrennung, einer Förderung des Fettansatzes bei Magersucht, einer Steigerung des Eiweißansatzes, einer Besserung der Kalk-Phosphorbilanz (Rachitis, Tetanie), einer Vermehrung des Hämoglobins und der Erythrozyten, einer Anregung der Lymphozytose, einer Senkung des Blutdruckes, einer Leistungssteigerung der nervösen Funktionen (Neurasthenie).

Die Basis derartiger Regularien stellt aber immer eine spezifische Photonenenergie dar.

Photonen steuern und regeln komplexe Prozesse von Vitalfunktionen des Organismus.

Photonen steuern die anabolen Hormone und bewirken ihre Regeneration, sie stimulieren Enzyme und beruhigen die Psyche.

Photonen stärken das Immunsystem und bauen Zellenergie im Organismus auf wie die Photosynthese bei Pflanzen.

6.1 Der molekulare Bioorganismus und seine photonische Energie

Licht und Energie gehören zwingend zusammen.

Rein physikalisch betrachtet ist Licht eine elektromagnetische Schwingung eines je nach Energiegehalt definierten Frequenzbereiches.

So sieht es die klassische Physik – die elektromagnetische Schwingung des Lichtquants besteht aus zwei Kraftfeldern.

Einem elektrischen $\vec{E}$ und einem magnetischen $\vec{B}$ Kraftfeld.

Mit den nach Maxwell benannten Gleichungen wurde die Grundlage für eine genaue Beschreibung aller klassisch optischen Phänomene geschaffen.

Ein geladenes Teichen übt auf ein anderes geladenes Teilchen eine Kraft aus und überzieht es mit einem Netz elektromagnetischer Wechselwirkung.

Maxwells Erklärungen zur elektromagnetischen Wechselwirkungen lassen sind allerdings nur makroskopisch schlüssig Erörtern; Licht mit seinen Wechselwirkungsparametern wurde zur elektromagnetischen Welle im elektromagnetischen Feld.

Diese klassische Theorie konnte alles Messbare außerordentlich Präzise erklären, nur der Nanobereich atomarer Ebenen elektromagnetischer Strahlung blieb völlig unberücksichtigt.

Heute gibt uns die Quantenmechanik differenzierte Einblicke in diesen Nanobereich der elektromagnetischen Strahlung.

In der Quantenmechanik werden elektromagnetische Schwingungen als Wellenfunktionen definiert welche sich mit ihren Wahrscheinlichkeiten in Form einer Matrix durch Raum und Zeit unendlich ausbreiten können.

In diesen Wahrscheinlichkeiten stecken potentielle Kräfte die erst dann agieren wenn die elektromagnetische Welle auf ein Ereignis trifft.

Plötzlich kollabiert die Wahrscheinlichkeitswelle und es generiert sich ein reales Photon welches gleichermaßen auch ein Kraftüberträger ist.

Die hierfür notwendige Energie des Photons entspricht der Frequenz der Ursprungswelle.

In diesem Augenblick wird aus einer Wahrscheinlichkeit Realität.

Eine grundlegende und nachweisbar erfolgreiche Theorie zur Erklärung der Teilchenwechselwirkung im Nanobereich $(10^{-9}\ m)$ ist die Quantenfeldtheorie (QFT).

Das elektromagnetische Feld selbst wird quantisiert und erklärt das einzelne Lichtquantum so dass alle Nanoteilchen von ihrem eigenen Feld abstammen. Das Elektron wird zum Quantum des Elektronenfeldes; und das Photon wird zum Quantum des Photonenfeldes.

Aber auch hier werden zwei unterschiedliche philosophische Standpunkte diskutiert.

Wie schon in den klassischen Erörterungen des 17.Jhd durch Newton und Huygens steht entweder das Teilchen oder das Feld im Mittelpunkt der Betrachtungen.

Schrödinger oder Heisenberg; Welle oder Teilchen wird wohl noch lange ein Argument der Betrachtungsweise bleiben.

Die quantenfeldtheoretische Betrachtung dass alle Felder gequantelt sind erlaubt die kühne Behauptung dass auch die ihnen entsprechenden Kräfte und Informationen von dementsprechenden Feldteilchen übermittelt werden.

Für die fundamentalen Kräfte der elektromagnetischen-, starken und schwachen Wechselwirkung und der Gravitation dienen die Eichbosonen als Vermittler dieser Grundkräfte was auch bedeutet dass ein gegenseitiger Informationsaustausch dieser Kräfte stattfinden kann.

Das Photon ist das vermittelnde Teilchen des elektromagnetischen Feldes und wechselwirkt in molekularen Bereichen des Organismus (nach Gurwitsch „Die mitogenetische Strahlung"). Ob es aber gleichsam Informationsträger ist theoretisiert auch Gurwitsch.

Freie oder gebundene Elektronen im Bioorganismus ermöglichen mit der Änderung ihres Energieniveaus welches selbst durch Lichteinwirkung angeregt wird die ständige Aufnahme oder Abgabe von Photonen, nicht nur in Atomen oder Molekülen sondern auch in Proteinen und Ribosomen, die in weiteren Zellprozessen die notwendigen Prozessenergien zur Verfügung stellen (Produktion des Vitamin D).

6.2 Eindringtiefe und Wirkmechanismen der Lichtstrahlung

Bei Auftreffen der Lichtstrahlung auf die Haut tritt dessen Energie mit den Strukturen der Haut in Wechselwirkung, wobei es physikalisch betrachtet; reflektiert, gestreut, gebeugt und/oder absorbiert wird.

Nur die Absorption der auf die Haut auftreffenden Lichtstrahlung kann biologische Effekte zur Folge haben. Die Eindringtiefe der Lichtstrahlung in die Schichten der Haut (und damit der Ort ihrer Wirkung) wird dabei durch die Wellenlänge der Lichtstrahlung bestimmt. Je langwelliger die Lichtstrahlung ist, umso tiefer dringt sie in das Gewebe der Haut ein.

Je kurzwelliger sie ist, desto stärker wird sie den oberflächlichen Anteilen der Haut absorbiert; was im Umkehrschluss bedeutet das bei natürlicher oder künstlicher Strahlung die Photonenenergie mit steigender Wellenlänge abnimmt. Hier tragen beispielsweise dunkelrote Photonen bei 700 nm Wellenlänge nur halb so viel Energie mit sich wie violette mit einer Wellenlänge von 400 nm.

Die von der Lichtstrahlung (i.d.R. Strahlung im ultravioletten Wellenlängenbereich) im Gewebe der Haut ausgelösten Reaktionen können diagnostisch und therapeutisch genutzt werden. Dabei kann es je nach Indikation, d.h. nach Art der zu behandelnden Erkrankung, erforderlich sein, dementsprechende Areale durch vorherige Anwendung photosensitivierender Stoffe gegenüber der anzuwendenden Lichtstrahlung empfindlicher zu machen.

Da die Einwirkung von UV-Strahlung zum Beispiel auf das Organ Haut u.U. jedoch auch Nebenwirkungen haben kann (die bekannteste Form hiervon dürfte der Sonnenbrand sein), ist zu deren Verhinderung bzw. Minimierung ein dosenabhängiger Umgang mit der Phototherapie notwendig.

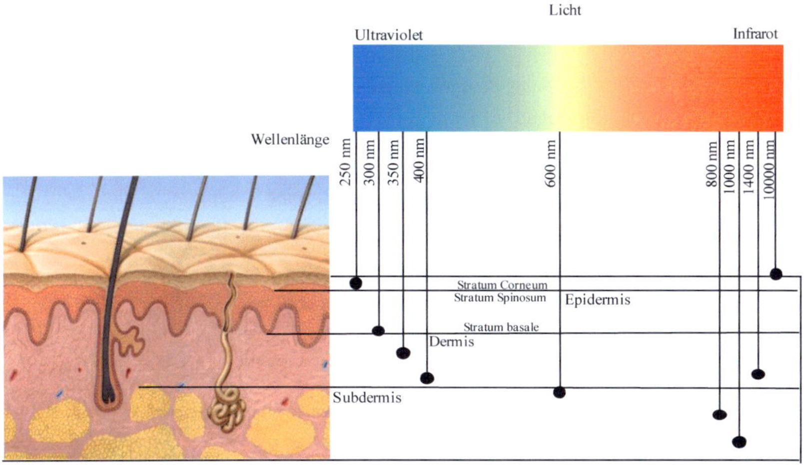

Abb. 16: Eindringtiefen der Lichtstrahlung

Für biologische Systeme ist die optische Strahlung wegen ihrer nützlichen aber auch schädigenden Wirkung besonders zu differenzieren. Dabei hängt die Wirkung im Allgemeinen nicht von der eingestrahlten Energie sondern von der Menge der absorbierten Quanten und ihrer Wellenlänge ab.

Entscheidend bei allen Anwendungen photobiologisch optischer Strahlung ist deren Wechselwirkung mit Molekülen. Die als Chromophore bezeichneten molekularen Verbindungen agieren mit dem absorbierten Lichtspektrum (siehe Tabelle 6.1.1)

Tabelle 6.1.1 Natürliche Chromophore in menschlichen Zellen und Geweben [23]

Chromophor	Absorption im Bereich	Wellenlänge in nm
Wasser	Infrarot	1000-1700
Nukliensäure	UV-B	260 max.
Proteine	UV-B	270-280 max.
Urocaninsäure	UV-B	240-280
Porhpyrine	Blau	400-420
Hämoproteine	Grün	500-560
Flavine	Blau	420-440
Karotinoide	Blaugrün	460-500
Bilirubin	Blaugrün	460-500
Melanin	UV und sichtbares Spektrum nimmt mit steigender Wellenlänge ab	

Derartige physikalische Primärereignisse laufen im Nano-bis Mikrosekundenbereich ab und sind chemisch betrachtet für die Bildung freier Radikale und angeregter Sauerstoffderivate verantwortlich.

Biologische Reaktionen wie Entzündungen, Pigmentierungen sowie auch therapeutische Effekte benötigen Stunden bis Tage.

Um tiefere Gewebsschichten therapeutisch zu erreichen müssen lichtaktivierende Substanzen gegeben werden, den Licht allein vermag, bedingt durch seine Eindringtiefe, chemische Bindungen nicht aufzuspalten. Dazu bedarf es der Mitwirkung eines Photosensibilisators (einer lichtaktivierbaren Substanz) und molekularen Sauerstoffes.

Als Photosensibilisatoren werden überwiegend Porphyrine (Siehe Glossar) (z.B. Vitamin B12) eingesetzt, die sich bei Bestrahlung mit rotem Licht bei einer Wellenlänge von 630 nm bis 635 nm aktivieren lassen.

Oft wird auch 5-Aminolävulinsäure oder deren Methylester Methyl-5-amino-4-oxopentanoat (MAOP) eingesetzt, Stoffwechselvorläufer des Protoporphyrin IX, die vermehrt, das heißt relativ selektiv, in Tumorzellen oder anderen Gewebeveränderungen zu dem Porphyrin umgesetzt werden [24].

Neuere Sensibilisatoren lassen sich bei noch größeren Wellenlängen anregen mit dem Vorteil einer etwas größeren Eindringtiefe des Lichtes in das Gewebe.

Der eigentliche photophysikalische Prozess verläuft in mehreren Schritten und erfordert die Anwesenheit von Sauerstoff, der in den meisten Zellen in ausreichender Menge vorhanden ist oder durch separate Gabe dem Organismus zugeführt wird.

Ein Molekül des Photosensibilisators absorbiert ein Photon des Lichtes und wird in einen ersten angeregten Zustand angehoben. Je länger die Lebensdauer dieses angeregten Zustandes erhalten bleiben kann, umso größer ist auch die Wahrscheinlichkeit für den eher seltenen Übergang in einen höher angeregten Energiezustand.

Da optische Übergänge dieses Triplett-Zustandes in den niederenergetisierten Grundzustand sehr unwahrscheinlich sind, hat er eine ungewöhnlich große Lebensdauer. Das wiederum ermöglicht den Kontakt mit besonders vielen Molekülen der Umgebung.

Trifft er dabei ein Molekül, dessen Grundzustand ein Triplett-Zustand ist, so ist Energieaustausch möglich, wobei beide Moleküle in einen Singulett-Zustand übergehen. Eins der wenigen Moleküle mit einem Triplett-Grundzustand ist molekularer Sauerstoff. Da die Energie des angeregten Moleküls größer ist als die für einen Übergang des Sauerstoffs in einen angeregten Singulett-Zustand erforderliche, kann dieser Energieaustausch stattfinden.

Der dabei entstehende Singulett-Sauerstoff hat wiederum eine besonders große Lebensdauer hinsichtlich eines optischen Übergangs in den Grundzustand. Aufgrund seiner chemischen Reaktionsfreudigkeit kann er jedoch Zellbestandteile in der Umgebung durch Oxidation schädigen. Dadurch kann er eine Nekrose (Zellsterben des Biogewebes) oder – durch Wirkung auf die Mitochondrien Membran – eine Apoptose (von der Zelle selbst aktivierter Zelltod) auslösen.

Auch können lichttherapeutische Effekte aufgenommen über das Kapillarsystem und Sensoren der Haut beschrieben werden.

Gerade in der Dermatologie gelingt es mittels der Lichtstrahlung eines Lasers unschöne Hautveränderungen, rasch und ohne Narbenbildung zu korrigieren. Möglich wird dies durch sehr hohe Lichtleistungen, die das zu behandelnde Gewebe vaporisiert. Noch heute werden in der HLLT (High-Level-Laser-Therapy) hohe Photonendichten von 10000 W/cm² genutzt um diese Valorisierungen zu erreichen.

Natürliche Reaktionen biologischen Zellgewebes sind bei solchen Behandlungen nicht reversibel, zurück bleibt denaturiertes Gewebe.

Eine niedrig dosierte Laserstrahlung LLLT (Low-Level-Laser-Therapie) regeneriert beschädigtes Gewebe, was mit schwachem rotem Laserlicht schon in den 70´ iger Jahren praktiziert wurde.

Nachweislich konnte hier gezeigt werden dass es durch vermehrte Kollagenbildung in den bestrahlten Hautregionen ursächliche zu einer schnelleren Wundheilung kam.

Die gesamte Enzymaktivität wird durch LLLT verbessert was generell nicht nur einer besseren Durchblutung des Organismus dienlich ist, sondern auch den Transport bakterienabtötender Leukozyten beschleunigt. Konkret abgestimmtes monochromes Laserlicht vermag sogar die RNA-Synthese zu stimulieren; (Tiina Karu 1989).

6.2.1 Die Infrarotstrahlung

Wegen seiner geringen Quantenenergie kann Infrarotstrahlung das zur Behandlung avisierte Gewebe nur erwärmen. Wichtigstes Chromophor der IR-Strahlung ist Wasser. Indizierte Anwendungen der IR-Strahlung werden von der Eindringtiefe und den Absorbtionsmöglichkeiten des Wassers bestimmt so das kurzwellige oder nahe Infrarot (IR-A) Anwendungen in den oberen Hautschichten kaum absorbiert werden.

Überwiegend werden diese erst in Höhe der oberflächlichen Blutgefäße in Wärme umgewandelt [25] und dann mit dem strömenden Blut im Körper verteilt.

Mittleres und langwelliges Infrarot (IR-B/C) werden bereits in der Epidermis absorbiert. Dadurch unterscheiden sich die infraroten Strahlungsqualitäten untereinander erheblich. IR-A wirkt durch den Wärmeeintrag im Organismus wohingegen die IR-B/C Strahlung die Erweiterung kleiner Blutgefäße forcieren kann.

Die Wärmeanwendung zählt zu den ältesten therapeutischen Methoden. Im allgemeinen ist der Saunagang mit seiner langweiligen Infrarotstrahlung eine bekannte Therapiemöglichkeit bei Muskelschmerzen oder anderen Erkrankungen des rheumatischen Formenkreises.

Durch die Erwärmung der Haut werden übergreifend auch andere Gebiete des biologischen Organismus stärker durchblutet woraufhin eine Kaskade verschiedener Wirkungen einsetzt.

Nicht nur die Verbesserung der Beweglichkeit von Gelenken, einer allgemeinen Schmerzlinderung da Entzündungen schneller abgebaut werden können, oder auch das Kreislauftraining sind mit der Verbesserung der Wundheilung nur einige Schwerpunkte der therapeutischen Eigenschaft photonischer Strahlung.

Einer der wichtigsten Effekte der therapeutischen Anwendung dieses Ausschnittes des elektromagnetischen Spektrums ist die Überwärmung des biologischen Organismus. Durch eine gezielte Überwärmung kommt es nicht nur zu Vasodilationen (Weitstellung) der Gefäße, was auch den Wärmetransport verstärkt,vor allem aber wird der Abtransport freier Radikale durch das Blut stark beschleunigt, was wiederum die Entzündungneigung betroffener Gewebestrukturen reduziert.

Bei der lokalen Termotherapie wird die Strahlenquelle in Form einer Rotlichtlampe oder eines IR-A-Projektors auf beziehungsweise über die erkrankten Stellen gerichtet. So werden chronische Entzündungen, allgemeine Schmerzen nach Unfällen oder Operationen und chronische Schmerzzustände behandelt.

7.0 Ausblicke und Schlussbetrachtungen

Ob Lichtquanten tatsächlich mit Heilungschancen diverser Erkrankungen in Zusammenhang gebracht werden können-

dieser Frage stellte sich diese Arbeit – in der nachweislich viele therapeutische Ansätze und Verfahrensweisen zur Heilung mit Licht nachvollzogen werden konnten. So profitiert nicht nur die Ophthalmologie; sondern auch andere medizinische Fachrichtungen von den Vorzügen lichttherapeutischer Maßnahmen zum Wohle des Menschen.

Bei der Wirkung optischer Strahlung auf den Menschen ist in erster Linie immer die Dosis ein wichtiger Indikator welcher über gute oder schlechte Eigenschaften direkter Strahlung entscheidet.

Schließlich gehört die Sonne, auch mit ihrer Strahlung zu unserer natürlichen Umgebung.

Medizinisch betrachtet entscheidet bei natürlichen oder künstlichen Strahlungsquellen optischer Strahlung Dosis und Wellenlänge über die Wirkung als Gift oder Heilmittel.

Das gesamte elektromagnetische Spektrum bietet eine Vielzahl von Handlungs- und Behandlungsprozessen in Anhängigkeit von der energetischen Betrachtung angewandter Lichtmenge.

Licht vermag Heilungsprozesse zerstörten zellulären Gewebes zu aktivieren und zu steuern; wobei nicht nur der Heliotherapie eine sehr gewichtige Rolle beikommt.

Auch die High-Level-Laser Therapien mit Ihren hohen Photonenenergiedichten bieten wie die Low-Level Laseranwendungen unverzichtbare Anwendungsmöglichkeiten in der Komplementärmedizin.

8.0 Anhang

8.1 Literaturnachweis

[0] Die Bibel , Das Buch Hiob , Absatz 37 Vers 15 der Lutherübersetzung Ausgabe 1912

[1] E. Hecht , Optik , ISBN 978-3-486-58861-3 , 2009 , Oldenburg Wissenschaftsverlag GmbH , S.1

[2] Maxwell, James Clerk , A Dynamical Theory of the Electromagnetic Field 1865 Philosophical Transactions of the Royal Society of London S. 459-512

[3] E. Hecht , Optik , ISBN 978-3-486-58861-3 , 2009 , Oldenburg Wissenschaftsverlag GmbH , S.135

[4] I. Newton, Opticks or a treatise of the reflections, refractions, inflections and colours of light, 1730

[5] Erwin C. Schrödinger, Science Theory and Man. New York: Dover, New York: 1933-1957

[6] Bahaa E.A. Saleh,Malvin Carl Teich , Grundlagen der Photonik , ISBN 978-3-527-40677-7, 2008 , Wiley-VCH Verlag GmbH Weinheim, S.215-218

[7] Gilbert N. Lewis The Conservation of Photons, Journal:Nature 118, 874-875 , 1926

[8] H. Weber, Laser: Eine revolutionäre Erfindung und ihre Anwendungen, C. H. Beck, München, ISBN 3406432905 , 1998

[9] D. Bäuerle, Laser: Grundlagen und Anwendungen in Photonik, Technik, Medizin und Kunst, Wiley- VCH, Weinheim , ISBN 978-3-527-40803-7, 2008

[10] nach Bahaa E.A. Saleh ,Malvin Carl Teich , Grundlagen der Photonik , 2008, Wiley-VCH Verlag GmbH Weinheim Auszug Seite 707

[11] J.Bille W.Schlegel ,Medizinische Laserphysik , 2005 ,Springer Verlag , Auszug Seite 295

[12] Aron-Rosa D. Pulsed Yag Laser Surgery, Inc.,U.S. (Gebundene Ausgabe – 3. April 1983) – Englisch

[13] Aron-Rosa D. Pulsed Yag Laser Surgery, Inc.,U.S. (Gebundene Ausgabe – 3. April 1983) – Englisch

[14] Aron-Rosa D. Pulsed Yag Laser Surgery, Inc.,U.S. (Gebundene Ausgabe – 3. April 1983) – Englisch

[15] Völklein, Friedemann und Zetterer, Thomas: Praxiswissen Mikrosystemtechnik: Grundlagen – Technologien – Anwendungen. 2., vollständig überarbeitete und erweiterte Auflage, Vieweg+Teubner Verlag / GWV Fachverlage GmbH, Wiesbaden: 2006. Seite 124

[16] Eichler Jürgen, Eichler Hans Joachim, Laser-Bauformen, Strahlungsführung, Anwendung, ISBN-10-3- 540- 30149-6, 2006, Springer Verlag Berlin, S. 119

[17] W.Drexler, U.Morgner, R.K. Ghanta, F.X. Kärtner, J.S. Schuman, J. G. Fujimoto: Ultrahigh-resolution ophthalmic optical coherence tomography.erratum appears in Nat Med May 2001; 7 (5): 636.]. In: Nature Medicine. 7, Nr. 4, 2001, S. 502-507

[18] Popp, Fritz A.: Biologie des Lichts , ISBN 3-489-61734-7, 1984, Berlin Hamburg Parey Verlag

[19] Bruce Alberts, u.a.: Molekularbiologie der Zelle, ISBN 3-527-30492-4, 2003, 4.Auflage, Wiley-VCH., Weinheim

[20] Sheldrake Rupert :Das schöpferische Universum, ISBN 3-548-35359-2, 1996, Ungekürzte Ausg., 2. Aufl. Frankfurt/M : Ullstein,

[21] L.Wilden, Zur Wirkung von Low Level Laserstrahlung und dem zellulären Energietransfer, in Laser Medizin ,2000,S.33

[22] Malten Hans, Die Licht-Therapie, Verlag J.F.Bergmann, München 1926

[23] Jori,G.,C.Pereira Photo Diagnostic and phototherapeutic techniques in medicine, Milano, Documento editorial 1995

[24] Hamblin M.R., Huang Y, Handbook of Photomedicine, ISBN 978-1-4394-8469-0, CRC Press, S.390-391

[25] R.Krause, R.Stange, Lichtherapie, ISBN 978-3-642-16938-0, Springer Verlag Berlin, 2012

[26] König H.L. , Unsichtbare Umwelt , S. 9-13 ; 25-42

8.1.1 Bibliographie

Alberts Bruce u.a.:, Molekularbiologie der Zelle, ISBN 3-527-30492-4, 2003, 4.Auflage, Wiley-VCH., Weinheim

Aron-Rosa D., Pulsed Yag Laser Surgery Inc.,U.S. (Gebundene Ausgabe – 3. April 1983) – Englisch

Bahaa E.A., Saleh,Malvin, Carl Teich, Grundlagen der Photonik ISBN 978-3-527-40677-7, 2008 , Wiley-VCH Verlag GmbH Weinheim

Bille , Schlegel, Medizinische Laserphysik ISBN 3-540-65255-8, 2005, Springer Verlag Berlin

Bischof Marco, Biophotonen ISBN 978-3-86150-741-3, 2005 , Verlag Zweitausendeins

Collins James F., Ophtalmic desk reference ISBN 3-540-61172-X, 1996 , Springer Verlag Berlin

Eichler Jürgen, Eichler Hans Joachim, Laser-Bauformen, Strahlungsführung, Anwendung ISBN-10-3-540-30149-6, 2006, Springer Verlag Berlin

Einstein Albert, Annalen der Physik, Über einen die Erzeugung und Verwandlung des Lichtes betreffenden heuristischen Gesichtspunkt, 1905 , S. 132–148 (Wellen-Teilchen Dualismus)

Feynman Richard P., QED – The Strange Theory of Light and Matter ISBN 978-3-492-21562-6, 1985 , Princeton University Press

Fließbach Torsten, Quantenmechanik, ISBN 978-3-8274-2020-6, 2008 , Spektrum Akademischer Verlag Heidelberg

Gurwitsch A.G., Die mitogenetische Strahlung, VEB G.Fischer Jena 1959

Hamblin M.R., Huang Y, Handbook of Photomedicine, ISBN 978-1-4394-8469-0, CRC Press, London

Hecht Eugen, Optik, ISBN 978-3-486-58861-3, 2009, Oldenburg Wissenschaftsverlag GmbH

König Michael, Das Urwort: Die Physik Gottes, ISBN-10: 3942166119 Scorpio Verlag 2010

Lech Harald, Quantenmechanik für die Westentasche, Piper, München/ Zürich 2007, ISBN 978-3-492-05125-5.

Lech Harald, (Hörbuch-CD):Über Gott, den Urknall und den Anfang des Lebens, GALILA Verlag, 2009, ISBN 978-3-902533-20-3.

Malten Hans, Die Licht-Therapie, Verlag J.F.Bergmann, München 1926

Maxwell James, A Dynamical Theory of the Electromagnetic Field 1864 eingereicht / veröffentlicht in: Philosophical Transactions of the Royal Society of London (155), 1865, S. 459-512

Paul Harry, Photonen, ISBN 3-519-13222-2, 1999, B.G. Teuber Verlag

Popp Fritz A., Biologie des Lichts, ISBN 3-489-61734-7, 1984, Berlin Hamburg Parey Verlag

R.Krause, R.Stange, Lichtherapie, ISBN 978-3-642-16938-0, Springer Verlag Berlin, 2012

Schmutzer E., Relativitätstheorie-aktuell, 4.Auflage- Leipzig, ISBN(1989) 3-322-00699-9 BSB Teuber Verlag, Leipzig 1979

Schrödinger Erwin C., Science Theory and Man, New York: Dover, New York: 1933-1957

Sheldrake Rupert , Das schöpferische Universum ISBN 3-548-35359-2, 1996, Ungekürzte Ausg., 2. Aufl. Frankfurt/M : Ullstein,

Völklein, Friedemann ,Zetterer, Praxiswissen Mikrosystemtechnik: Grundlagen – Technologien – Anwendungen. 2., vollständig überarbeitete und erweiterte Auflage, Vieweg+Teubner Verlag / GWV Fachverlage GmbH, Wiesbaden: 2006.

Wilden Lutz, Zur Wirkung von Low Level Laserstrahlung und dem zellulären Energietransfer, in Laser Medizin ,2000,S.33

Zeilinger Anton, Teleportation und weitere Mysterien der Quantenphysik, ISBN: 978-3-442-15435-7, Verlagsgruppe Random House (aus dem Englischen 2007

8.2 Internetquellen

http://doktorbest.de/papers/slt/slt_02.htm

http://www.theage.com.au/articles/2002/08/07/1028157961167.html

http://de.fotolia.com/?gclid=CJv4gPjRv6ICFQw9ZgodJBB45g

http://home.arcor.de/kabza/kabzade/units.html

http://www.springerlink.com/content/nr4t441q43r6768u/

http://timms.uni-tuebingen.de/List/List01.aspx?rpattern=UT_2006_____00[12]_exphys6_000_

http://timms.uni-tuebingen.de/List/List01.aspx?rpattern=UT_200[34]_____00[12]_physik3_000_

http://www.licht-akademie.de/publikationen/licht_u_ges/q701_773.html

http://www.spirit-science.fr/doc_humain/ADN6photons.html

http://www.bibliotecapleyades.net/scalar_tech/esp_scalarwar03a.htm

http://www.doccheck.com/de/search/?q=Lichttherapie&language=de&start=0&facetq=site:com.doccheck.flexikon

8.3 Einheiten und Symbole

Register

Abkürzungsverzeichnis (siehe auch Glossar)

ELF	Extrem Low Frequency (siehe Glossar: Niederfrequenzstrahlung)
GDX	Scanning-Laser-Polarimetrie
Hi 37,15	Hiob Kapitel 37 Satz 15
HRT	Heidelberg Retina Tomograph
OCT	Optische Kohärenztomografie
QFT	Quantenfeldtheorie
RTA	Retinal Thickness Analyzer Netzhautdickenmessung
SLF	Super Low Frequency (siehe Glossar: Niederfrequenzstrahlung)
ULF	Ultra Low Frequency (siehe Glossar: Niederfrequenzstrahlung)

Einheiten

EHz	Exahertz (10^{18} Hertz)
eV	Elektronenvolt (1eV=1,602 176 565(35) $\cdot 10^{-19}$ J
feV	Femtoelektronenvolt
h	plancksche Wirkungskonstante ($6{,}626 \cdot 10^{-34}$ Js)
Hz	Hertz (Anzahl der Schwingungen pro Sekunde) 1 Hz = 1 s^{-1} = 1/s
J	Joule (Einheit der Größen, Energie Arbeit und Wärmemenge)
kW	Kilowatt 1kW = 1000 W
keV	Kiloelektronenvolt. (ein Photon der Röntgenstrahlung hat etwa 1–250 keV)
ns	Nanosekunde (0,000 000 001 Sekunden = 10^{-9} Sekunden)
s	Sekunde
peV	Pikoelektronenvolt
W	Watt (Leistung-Energie pro Zeit) 1W = (1kg x m^2)/s^3 = 1 J/s
W/m²	Watt pro Quadratmeter

µm	Mikrometer (0,0000001 Meter) ; 10^{-6} Meter
µW	Mikrowatt (0,0000001 Watt) ; 10^{-6} Watt

Symbole

$\vec{B}$	magnetische Feldstärke eines Lichtquants
E	Energie
$\vec{E}$	elektrische Feldstärke eines Lichtquants
$\vec{F}$	Kraft
$\breve{c}$	Gruppengeschwindigkeit
$\widetilde{c_{Ph}}$	Phasengeschwindigkeit
m	Masse
n	Brechnungsindex
$\vec{p}$	Impuls
t	Zeit
λ	Wellenlänge
$\vec{v}$	Geschwindigkeit
ϑ	Frequenz
ϑ_{21}	Frequenz des Übergangs zum höheren Energieniveau (siehe Abb. 5)
$\tilde{\vartheta}$	Wellenzahl

8.4 Glossar

Ätherische Materie; – Der Äther (griech. αἰθήρ [„aithär"] für *der (blaue) Himmel*) ist eine Substanz, die im ausgehenden 17. Jahrhundert als Medium für die Ausbreitung von Licht postuliert wurde. Später wurde das Konzept aus der Optik auch auf Elektrodynamik und Gravitation übertragen, vor allem um auf Fernwirkung basierende Annahmen zu vermeiden. Experimente und Beobachtungen widerlegten aber dessen Existenz.

Brechungsindex – Der Brechungsindex, auch die Brechzahl, ist eine optische Materialeigenschaft. Die physikalisch dimensionslose Größe gibt an, um welchen Faktor die Wellenlänge und die Phasengeschwindigkeit des Lichts kleiner sind als im Vakuum.

Bose-Einstein-Kondensation – Das Bose-Einstein Kondensat (nach Satyendranath Bose und Albert Einstein; Abkürzung BEK, engl. BEC) ist ein extremer Aggregatzustand eines Systems ununterscheidbarer Teilchen, in dem sich der überwiegende Anteil der Teilchen in selbigem quantenmechanischen Zustand befindet. Das ist nur möglich, wenn die Teilchen Bosonen sind und somit der Bose-Einstein-Statistik unterliegen. Bose-Einstein-Kondensate sind makroskopische Quantenobjekte, in denen die einzelnen Bosonen vollständig delokalisiert sind. Die Wahrscheinlichkeit jedes Bosons, es an einem bestimmten Punkt anzutreffen, ist also überall innerhalb des Kondensates gleich. Der Zustand kann daher durch eine einzige Wellenfunktion beschrieben werden.

Daraus resultieren Eigenschaften wie Suprafluidität, Supraleitung oder Kohärenz über makroskopische Entfernungen. Letztere erlaubt Interferenzexperimente mit Bose-Einstein-Kondensaten sowie die Herstellung eines Atomlasers, den man durch kontrollierte Auskopplung eines Teils der Materiewelle aus der das Kondensat haltenden Falle erhalten kann.

Calciferol – Allg. Bezeichnung für Vitamin D_2 und Vitamin D_3 die wiederum auch als Ergocalciferol D_2 oder Cholecalciferol D_3 bezeichnet werden.

Elektroschwache Wechselwirkung – Die elektroschwache Wechselwirkung bildet die Grundlage einer vereinheitlichten Theorie aus Quantenelektrodynamik (QED) und schwacher Wechselwirkung. Mit dieser Theorie können von der Phänomenologie her ganz verschiedene Erscheinungen einheitlich beschrieben werden. Zum Beispiel: Radio (Elektromagnetische Welle, EM-Welle), Licht (EM-Welle), Elektromotor (EM-Feld), Atomspektrum (Quantenphysik), Beta-Strahlung (Schwache Wechselwirkung), die Erzeugung von Teilchen-Antiteilchen-Paaren aus Licht (Quantenelektrodynamik), oder die Entstehung von Neutronensternen (Schwache Wechselwirkung unter Gravitation). Zusätzlich zu diesen Phänomenen, die sich schon aus den Einzeltheorien ergeben, beschreibt die elektroschwache Wechselwirkung auch Erscheinungen wie die Erhöhung der Reaktionswahrscheinlichkeit beim Zusammenstoß von Elektron und Positron mit bestimmter Energie. Ferner werden alle Phänomene aus der Neutrino-Physik (Geisterteilchen), also sogenannte schwache Wechselwirkungen, durch die elektroschwache Wechselwirkung behandelt wie andere, mehr bekannte elektromagnetische Phänomene in der Natur. Die Theorie der elektroschwachen Wechselwirkung ist neben der Quantenchromodynamik ein Pfeiler des Standardmodells der Elementarteilchenphysik.

Elektromagnetisches Spektrum – als elektromagnetisches Spektrum bezeichnet man die Gesamtheit aller elektromagnetischen Wellen verschiedener Energien. Das gesamte Spektrum wird zur besseren Unterscheidung in verschiedene Bereiche unterteilt. Diese Einteilung ist willkürlich und orientiert sich aus historischen Gründen im niederenergetischen Bereich an der Wellenlänge. Dabei werden jeweils Wellenlängenbereiche über mehrere Größenordnungen mit ähnlichen Wellenlängen und ähnlichen Eigenschaften in Kategorien wie etwa Licht, Radiowellen usw. zusammengefasst. Die Einteilung erfolgt nach Frequenz oder Energie dementsprechender Welle. In kurzwelligen Bereichen oder bei hoher Energie ist eine energetische Betrachtung üblich. Geordnet nach zunehmender Frequenz und somit abnehmender Wellenlänge befinden sich am Anfang des Spektrums die Längstwellen, deren Wellenlängen viele Kilometer betragen. Am Ende stehen die sehr kurzwelligen und damit energiereichen Gammastrahlen, deren Wellenlänge bis in atomare Größenordnungen reicht. Die Umrechnung von der Wellenlänge in eine Frequenz f ergibt sich durch $f=c/\lambda$, wobei die Frequenz die Lichtgeschwindigkeit c (im jeweiligen Medium) geteilt durch die Wellenlänge λ (Lamda) definiert. Den Erkenntnissen der Quantenmechanik folgend, bestehen elektromagnetische Wellen aus einem Strom von Teilchen, den Photonen. Diese Betrachtung dient zur Erklärung verschiedener physikalischer Phänomene wie dem photoelektrischen Effekt. Photonen besitzen eine zur Frequenz proportionale Energie $E = h \cdot v$. Die Konstante h ist dabei das plancksche Wirkungsquantum.

Excimere – Die Bezeichnung Excimer, leitet sich aus der Kurzform von „excited dimer“ (angeregtes Dimer) ab. Es handelt sich dabei um ein kurzlebiges Teilchen, das aus zwei oder mehreren zusammenhängenden Atomen oder Molekülen besteht. Die Besonderheit besteht darin, dass das Excimer nur gebildet werden kann, wenn ein Bindungspartner sich in einem angeregten Zustand befindet. Verliert dieses Teilchen Energie, trennen sich die Bindungspartner und kehren in den Grundzustand zurück. Dabei wird häufig Licht emittiert. Die Emissionsbande ist breit und stärker rot-verschoben, als die Emissionsbande des angeregten Monomers. Diese Eigenschaft kann spektroskopisch zur Identifizierung von Excimeren eingesetzt werden. In der Lasertechnologie werden die Eigenschaften von Excimeren (bzw. heute meist Exciplexen) durch Excimerlaser für konkrete Anwendungsfälle genutzt. Die für die Lasertechnik notwendige Besetzungsinversion ist bereits durch die Molekülbildung gegeben, da hierbei der Grundzustand nicht besetzt sein darf. Die Zerfallszeit beträgt i.A. wenige Nanosekunden (ns). Praktische Bedeutung haben Excimerlaser erlangt, die im ultravioletten Spektralbereich emittieren. Das laseraktive Medium besteht hierbei überwiegend aus Fluor (F_2) 157 nm, Argonfluorid (ArF) 193 nm, Kryptonfluorid (KrF) 248 nm, Xenonchlorid (XeCl) 308 nm oder Xenonfluorid (XeF) 351 nm. Sie finden Einsatz in der Medizintechnik und in der Fotolithografie, einem Bereich der Halbleiterherstellung.

GDX – Scanning-Laser-Polarimetrie ist ein Verfahren, mit Hilfe von polarisiertem Licht die Schichtdicke von optisch transparenten Materialien zu bestimmen. Die GDx-Scanning-Laser-Polarimetrie der Nervenfaserschicht der Netzhaut erfasst das dreidimensionale Profil des Sehnervenkopfes und die Dicke der Nervenfaserschicht der Netzhaut in dessen Umgebung.

hamiltonsche Mechanik – ist ein Teilgebiet der klassischen Mechanik. Sie untersucht die Bewegung im *Phasenraum*. Dabei handelt es sich um die Menge der Paare von Orts- und Impulswerten, die man bei dem betrachteten System von Teilchen anfänglich frei vorgeben kann. Danach bestimmt die Hamilton-Funktion durch die hamiltonschen Bewegungsgleichungen, wie sich die Orte und Impulse der Teilchen bei Vernachlässigung von Reibung mit der Zeit ändern.

Heisenbergsche Unbestimmtheitsrelation – wurde 1927 von Werner Heisenberg im Rahmen der Quantenmechanik formuliert. Zwei komplementäre Eigenschaften eines Quantenobjektes (Ort und Impuls) sind nicht gleichzeitig beliebig genau messbar. Die Unschärferelation basiert nicht auf etwaige Messfehler, sondern ist prinzipieller Natur. Die Messung der Position eines Quantenobjektes ist zwangsläufig mit einer Störung seines Impulses verbunden, und umgekehrt. Es ist nicht möglich, den Ort und den Impuls eines Quantenobjektes gleichzeitig exakt zu messen. Es ist nicht möglich, ein Quantenobjekt in einem Zustand zu präparieren, bei dem der Ort und der Impuls beliebig genau messbar sind. Diese Unschärfe lässt sich als unmittelbare Konsequenz der Wellennatur der Materie („Welle-Teilchen-Dualismus") in der Quantenphysik interpretieren.

Hilbertraum – Ein Hilbertraum benannt nach dem Mathematiker David Hilbert, ist ein vollständiger Vektorraum mit Skalarprodukt. Er ist ein Spezialfall eines Prähilbertraums, das heißt ein Vektorraum über den reellen oder komplexen Zahlen mit einem Skalarprodukt. Das Skalarprodukt induziert eine Norm und dadurch eine Metrik.

HRT – der Heidelberg Retina Tomograph (HRT) ist ein augenheilkundliches konfokales Punkt-Scanning-Laser-Ophthalmoskop zur Untersuchung der Hornhaut und bestimmter Bereiche der Netzhaut mittels unterschiedlicher Diagnose-Module (HRT Retina, HRT Kornea, HRT Glaukom). Der am meisten genutzte Anwendungsbereich des HRT ist jedoch die Inspektion des Sehnervenkopfes (Papille) zur Früherkennung und Verlaufskontrolle des Grünen Star (Glaukom). Dabei hat sich das Verfahren neben der Gesichtsfelduntersuchung (Perimetrie), der Kammerwinkeluntersuchung (Gonioskopie) und der Augeninnendruckmessung (Tonometrie) als fester Bestandteil der routinemäßigen Glaukom-Diagnostik etabliert. Der HRT verfügt über die höchste Auflösung aller bildgebenden Verfahren zur Glaukomdiagnostik.

Histamin – ist ein Naturstoff, der im menschlichen oder tierischen Organismus als Gewebshormon und Neurotransmitter wirkt und auch im Pflanzenreich und in Bakterien weit verbreitet ist. Beim Menschen und anderen Säugetieren spielt Histamin eine zentrale Rolle bei allergischen Reaktionen und ist am Immunsystem, d. h. an der Abwehr körperfremder Stoffe beteiligt. So dient es als einer der Botenstoffe in der Entzündungsreaktion, um eine Anschwellung des Gewebes zu bewirken. Auch im Magen-Darm-Trakt, bei der Regulation der Magensäureproduktion und der Motilität sowie im Zentralnervensystem bei der Steuerung des Schlaf-Wach-Rhythmus und der Appetitkontrolle wirkt Histamin als wichtiger Regulator. Biochemisch ist es, wie auch Tyramin, Serotonin, Dopamin, Adrenalin, Noradrenalin oder Octopamin, ein biogenes Amin. Es wird durch Abspaltung von Kohlendioxid aus der Aminosäure Histidin gebildet und insbesondere in Mastzellen, basophilen Granulozyten und Nervenzellen gespeichert.

IOL – IOL Master ist ein hochpräzises Diagnosegerät zur Untersuchung des Auges vor dem Einsetzen einer Intraokularlinse (IOL). Das Gerät vermisst berührungsfrei und präzise die Achslängen, die Hornhautradien, den Hornhautdurchmesser und die Vorderkammertiefe des Auges. Diese Messungen sind Voraussetzung für die exakte Berechnung einer künstlichen Linse.

Ionisation – Prozess, bei dem ein Atom (oder Ion) ein Elektron verliert. Ionisation kann durch Stoß mit einem energiereichen Elektron oder Photon erfolgen. Auch durch Kontakt mit angeregten Atomen oder mit einer heißen Oberfläche kann es zur Ionisation kommen.

Kohärenzlänge – Die Kohärenzlänge ist in der Optik der Weglängen- oder Laufzeitunterschied, den zwei Lichtstrahlen aus derselben Quelle maximal haben dürfen, damit bei ihrer Überlagerung noch ein stabiles Interferenzmuster entsteht. Die Kohärenzlänge resultiert aus der zeitlichen Kohärenz und entspricht der optischen Weglänge, die das Licht während der Kohärenzzeit zurücklegt.

Korpuskeltheorie – (auch Emissionstheorie, Emanationstheorie, ballistische Lichttheorie oder Korpuskulartheorie) ist eine vor allem Isaac Newton zugeschriebene physikalische Theorie, nach welcher das Licht aus kleinsten Teilchen bzw. Korpuskeln besteht. Die Korpuskeltheorie wurde im 19. Jahrhundert durch die Wellentheorie des Lichtes abgelöst, jedoch werden dem Licht seit der Photonentheorie von Einstein (1905) teilweise wieder auch korpuskulare Eigenschaften zugeschrieben.

Laser – engl. Light Amplification by Stimulated Emission of Radiation – Lichtverstärkung durch stimulierte Emission von Strahlung bezeichnet den Effekt der Stimulation eines bereits vorhandenen Photons passender Energie. Elektronen ermöglicht diese Stimulation den Übergang von einem hohen Energieniveau in ein niedrigeres Energieniveau. Die dabei erzeugten Photonen verstärken das induzierende Photon so stark dass eine Lichtwelle mit hoher Intensität entsteht.

Lichtspektrum – Das Lichtspektrum ist der Teil des elektromagnetischen Spektrums, der ohne technische Hilfsmittel über das menschliche Auge wahrgenommen werden kann. Weitere Bezeichnungen für das Lichtspektrum sind das sichtbare Spektrum, der visuelle Bereich (kurz VIS oder auch VIS-Bereich genannt) sowie umgangssprachlich auch Licht. Der Wellenlängen-Bereich des Lichtspektrums reicht dabei von ungefähr 380 bis 780 nm, einem Frequenzbereich von ca. $3{,}8 \cdot 10^{14}$ bis $7{,}9 \cdot 10^{14}$ Hz entsprechend. Angrenzend an das für den Menschen sichtbare Lichtspektrum befindet sich im elektromagnetischen Spektrum der UV-Bereich bei kürzeren und der IR-Bereich bei längeren Wellenlängen. Das Lichtspektrum enthält nur monochromatische Farben.

Mitogenetische Strahlung – Alexander Gawrilowitsch Gurwitsch (russisch Александр Гаврилович Гурвич, (26. September/ 8. Oktober 1874 geb.in Poltawa, Russisches Kaiserreich, heute Ukraine; † 27. Juli 1954 in Moskau), war ein russischer Biologe und Mediziner konzeptierte die Mitogenetische Strahlung . Gurwitsch lieferte Beiträge zum Konzept des hypothetischen morphischen Feldes aus der Entwicklungsbiologie und gilt als Erstbeschreiber einer extrem schwachen Photonenemission biologischer Systeme, die er Mitogenetische Strahlung nannte und die heute mit dem Begriff der ultraschwache Photonenemission (auch ultraschwache Zellstrahlung) bezeichnet wird.

Niederfrequenzstrahlung – zu den langwelligen Niederfrequenzstrahlungen werden die ULF,-SLF,-ELF-Strahlungen gezählt die in der Erdatmosphäre selbst erzeugt werden können. ELF-Strahlung zum Beispiel entsteht nach König H.L. in Form von stehenden Wellen zwischen Ionosphäre und Erdboden durch Blitze (Schumann-Resonanz) [26]

OCT – Optische Kohärenztomografie ist ein Untersuchungsverfahren, bei dem Licht geringer Kohärenzlänge mit Hilfe eines Interferometers zur Entfernungsmessung streuender Materialien eingesetzt wird. Das Untersuchungsobjekt wird punktweise abgetastet. Vorteile gegenüber konkurrierenden Verfahren sind die relativ hohe Eindringtiefe (1–3 mm) in streuendes Gewebe und gleichzeitige hohe axiale Auflösung (0,5–15 µm) bei hoher Messgeschwindigkeit (20–300 kvoxel/s).

optisches Pumpen – Als optisches Pumpen bezeichnet man einen physikalischen Effekt, der eine Nichtgleichgewichtsbesetzung von Energieniveaus durch optische Anregung (Elektron-Photon-Wechselwirkung) bewirkt. Der Begriff des Nichtgleichgewichts bezieht sich hierbei auf eine Abweichung gegenüber der Besetzung der Energieniveaus mit den vorhandenen Elektronen zur gegebenen Temperatur ohne optische Anregung.

Orbital/e – beschreibt einen bestimmten Bereich (Raum) um einen oder um mehrere Atomkerne, in dem sich ein Elektron mit einer Wahrscheinlichkeit von ungefähr 90% aufhält. Die genaue „Bahnkurve“ des Elektrons kann nicht ermittelt werden. Das Orbitalmodell lässt keine Kreisbahnen wie im Atommodell von Niels Bohr zu. Nach der Heisenbergschen Unbestimmtheitsrelation kann der genaue Aufenthaltsort nicht exakt, sondern nur seine Verteilung stochastisch beschrieben werden. Da die Aufenthaltswahrscheinlichkeit der Elektronen mit dem Abstand vom Atomkern asymptotisch gegen null geht und sich bis ins Unendliche erstreckt, wählt man als Orbital den Aufenthaltsraum, in dem sich das betrachtete Elektron mit ca. 90 % Wahrscheinlichkeit aufhält.

Phasenraum – (auch: Zustandsraum) ist die Menge aller möglichen Zustände welche in einem dynamischen System eingenommen werden können

Photon – Quantum elektromagnetischer Strahlung. Bedeutsam sind für die *Ionisation*prozesse Photonen des sichtbaren Lichtes (650nm - 400nm), Ultraviolettstrahlung (400nm - 100nm) und Röntgenstrahlung (< 100nm).

Photonik- ist ein Wissenschaftszweig der Physik. Sie umfasst die Grundlagen und Anwendungen von optischen Verfahren und Technologien. Das Wort Photonik ist zusammengesetzt aus dem Begriff Photon (Lichtteilchen) und dem griechischen Suffix -ik (Kunde von, Lehre von). Im engeren Sinne steht Photonik für Optoelektronik. Im weiteren Sinne wird es über die Nachrichtentechnik hinaus für nicht klassische optische Technologien verwendet wie zum Beispiel bei dem Gebrauch von optischen Prozessoren.

Poisson-Fleck – der Poisson-Fleck ist ein Beugungsphänomen der Optik und beschreibt den hellen Fleck in der Mitte einer Beugungsfigur bei Beugung von Licht an einem kreisrunden lichtundurchlässigen Objekt.

Porphyrine – Porphyrine spielen im menschlichen Stoffwechsel eine zentrale Rolle. Neben dem Transport des Blutsauerstoffs durch die im roten Blutfarbstoff gebundene Häm-Gruppe kommen sie in vielen Enzymen vor, z.B. der Katalase (Wasserstoffperoxid-Entgiftung) und den Enzymen der Atmungskette im Mitochondrium. Auch das bakteriell hergestellte Vitamin B_{12} enthält einen porphyrinähnlichen-Anteil, nämlich Corrin. Offenkettige Abbauprodukte des roten Blutfarbstoffs im Körper sind für die Färbung von Urin, Stuhl und Galle verantwortlich. Krankheiten in Zusammenhang mit Porphyrinen sind z.B. eine Hepatitis, bei der der gestörte Abbau des Häms zur Gelbfärbung der Haut führt (Ikterus), oder aber die vererbten

Häm-Aufbaustörungen (Porphyrien), bei denen Vorläuferstoffe akkumulieren und zu starker Lichtunverträglichkeit, Bauchschmerzen und Nervenschäden führen. Porphyrine bzw. porphyrinverwandte Verbindungen kommen z. B. auch als Chlorophyll und als Häm in den Häm-basierten Proteinen Hämoglobin und den verschiedenen Cytochromen vor. Häm ist eine Komplexverbindung mit Protoporphyrin IX und einem Eisen-Ion als Zentralatom anstelle der beiden Wasserstoff-Atome. Ein eisenfreies Häm ist z. B. Hämatoporphyrin.

Quantenelektrodynamik – Quantenelektrodynamik; (QED) ist der Versuch alle Wechselwirkungskräfte zwischen Gravitation (mittels Graviton), schwacher Wechselwirkung (mittels W- und Z Bosonen), elektromagnetischer Wechselwirkung (mittels Photon), starker Atomkraft (mittels Gluon), mit den elektrostatischen Kräften als Austauschkräfte zu erklären.

Quantenfeldtheorie – Quantenfeldtheorie ; (QFT) ist ein Gebiet der theoretischen Physik, in dem Prinzipien klassischer Feldtheorien (zum Beispiel der klassischen Elektrodynamik) und der Quantenmechanik zur Bildung einer erweiterten Theorie kombiniert werden. Spezielle Theorien, die bestimmte physikalische Systeme mit den Methoden der Quantenfeldtheorie behandeln, werden als Quantenfeldtheorien bezeichnet.

Die Quantenfeldtheorie geht über die Quantenmechanik hinaus, indem sie Teilchen und Felder einheitlich beschreibt. Dabei werden nicht nur sog. Observable (also beobachtbare, nichtwechselwirkende Größen wie Energie oder Impuls) quantisiert, sondern auch die wechselwirkenden (Teilchen-) Felder selbst; Felder und Observable werden also analog behandelt. Die Quantisierung der Felder bezeichnet man auch als Zweite Quantisierung.

Die Methoden der Quantenfeldtheorie kommen vor allem in der Elementarteilchenphysik und in der statistischen Mechanik zur Anwendung. Man unterscheidet dabei zwischen relativistischen Quantenfeldtheorien, die die spezielle Relativitätstheorie berücksichtigen und häufig in der Elementarteilchenphysik Anwendung finden, und nicht-relativistischen Quantenfeldtheorien, die beispielsweise in der Festkörperphysik relevant sind.

RTA – Retinal Thickness Analyzer Netzhautdickenmessung ; bei dieser Untersuchung wird nicht die Nervenfaserschicht sondern die Dicke der gesamten Netzhaut gemessen. Mit Hilfe des RTA lässt sich die Struktur des Sehnervenkopfes dreidimensional darstellen, was besonders bei Verlaufskontrollen des Grünen Stars hilfreich sein kann. Die Scanmethode wird auch hier mit einem energieniedrigem $< 10\ \mu W$ Laser durchgeführt. Das RTA misst im Gegensatz zum GDX nicht die Nervenfaserschicht sondern die gesamte Retina und erlaubt zusätzlich Untersuchungen der Makula.

Stringtheorie – Stringtheorie bezeichnet vier Modelle eng verwandter hypothetischer physikalischer Ereignisse mit dem Ziel, alle bisher beobachteten Fundamentalkräfte der Physik einheitlich zu erklären. Sie gilt damit als Ansatz für die in der Physik gesuchte Vereinheitlichung der Gravitation mit den Quantenfeldtheorien der nichtgravitativen Wechselwirkungen. Eine Experimentelle Überprüfung erfolgte noch nicht, somit besteht diese Theorie aus Annahmen. Je nach Grundannahmen werden in den Stringtheorien etwas unterschiedliche, aber ähnliche Schlussfolgerungen gezogen. Alle Stringtheorien haben allerdings eine gemeinsame Grundidee, dass Strings (englisch für Fäden) als fundamentale Objekte mit eindimensionaler räumlicher Ausdehnung angenommen werden. Das steht im Gegensatz zum gewohnten Modell des Elementarteilchens, das als nulldimensional wie ein mathematischer Punkt angenommen wird.

Superpositionsprinzip – physikalisch betrachtet spricht man von einer Überlagerung gleicher physikalischer Größen. Das Prinzip wird bei linearen Problemen in vielen Bereichen der Physik benutzt und unterscheidet sich nur in der Art der überlagerten Größen. Überlegungen zum Superpositionsprinzip ergeben sind bei elektromagnetische Wellen in der Optik und in der Funktechnik, bei Kraftüberlagerungen der klassischen Mechanik und Zuständen in der Quantenmechanik.

8.5 Angaben zum Autor

Curriculum Vitae

Holger Leschik

Jahrgang 1966, geb. in Halberstadt/Sachsen-Anhalt/Deutschland

Röm.-Katholisch

Eine Tochter, Nadine Jeniffer

Seit 2005 verheiratet mit Susanne Gabriele Leschik geb. Kaden

Mitgliedschaften:

Deutsch Physikalische Gesellschaft (DPG)

Verein „Studium der Versicherungswirtschaft" Fachhochschule Kaiserslautern

FDP

POS , Halberstadt (1982)

FA für Fertigungsmittel und Werkzeugbau, Halberstadt (1985)

Abitur, Halberstadt (1989)

Versicherungsmakler (seit 1990)

Studium der Ingenieurswissenschaften, Technische Universität, Karl-Marx-Stadt (1990-1994)

Studium der Ingenieurswissenschaften, O.-v.-Guericke Universität, Magdeburg (1994-1998)

Projektierung, Planung und Durchführung einer Wohn-und Geschäftshaussanierung im Sanierungsgebiet denkmalgeschützer Hauser in Halberstadt (2007-2013)

Leitender MA, Management Laser- und Opthalmologietechnik, Augenarztpraxis (seit 2008)

Leitender MA, Institut für angewandte Biophotonik IFBW, Halberstadt (seit 2012)

Studium der Naturheilkunde, Institut für medizinische Bildung, Bad Harzburg (seit 2013)

8.5.1 Erklärung

EIDESSTATTLICHE VERSICHERUNG
Ich erkläre hiermit an Eides Statt, dass ich die im Institut für angewandte Biophotonik angefertigte Thesis

-Photonen-

Über die Wechselwirkung photonischer Energie

im biologischen Organismus

High dose und Low dose Verfahren

in ophthalmologisch therapeutischer

Anwendung

selbständig angefertigt und mich anderer Hilfsmittel als der in ihr angegebenen nicht bedient habe, insbesondere, dass aus Schriften Entlehnungen, soweit sie in der Thesis nicht ausdrücklich als solche mit Angabe der betreffenden Schrift bezeichnet sind, nicht stattgefunden haben.

Halberstadt den 15.11.2013